融合型·新形态教材
复旦社云平台　fudanyun.cn

U0730930

幼儿保育专业系列教材

幼儿行为观察与引导

YOUER XINGWEI GUANCHA YU YINDAO

主　编　林　兰

副主编　周启宇　高珠峰

编　委（按姓氏笔画排序）

何玉琴　杨成林　林　兰　周启宇

高珠峰　黄影华　常　琪　彭小灵

复旦大学 出版社

内容简介

　　本书坚持"以儿童为中心"的现代儿童教育观，支持保教人员秉持正向视角对幼儿行为进行观察和引导。书中设置了八大学习模块，坚持基础知识学习与实践应用相结合。前五个模块详细介绍了幼儿行为观察与引导的基础性知识，后三个模块则重在观察方法的实践应用。本教材的特色在于专设模块介绍了幼儿适宜行为的引导及幼儿偏差行为的干预，实现对未来保教人员实践性知识与能力的培养。

　　为方便师生使用，本教材配有PPT教学课件、教案、练习题及答案解析等资源，可登录复旦社云平台(www.fudanyun.cn)查看、获取。其中，教案仅限授课教师获取。

复旦社云平台
数字化教学支持说明

为提高教学服务水平，促进课程立体化建设，复旦大学出版社学前教育分社建设了"复旦社云平台"，为师生提供丰富的课程配套资源，可通过"电脑端"和"手机端"查看、获取。

【电脑端】

电脑端资源包括 PPT 课件、电子教案、习题答案、课程大纲、音频、视频等内容。可登录"复旦社云平台"（www.fudanyun.cn）浏览、下载。

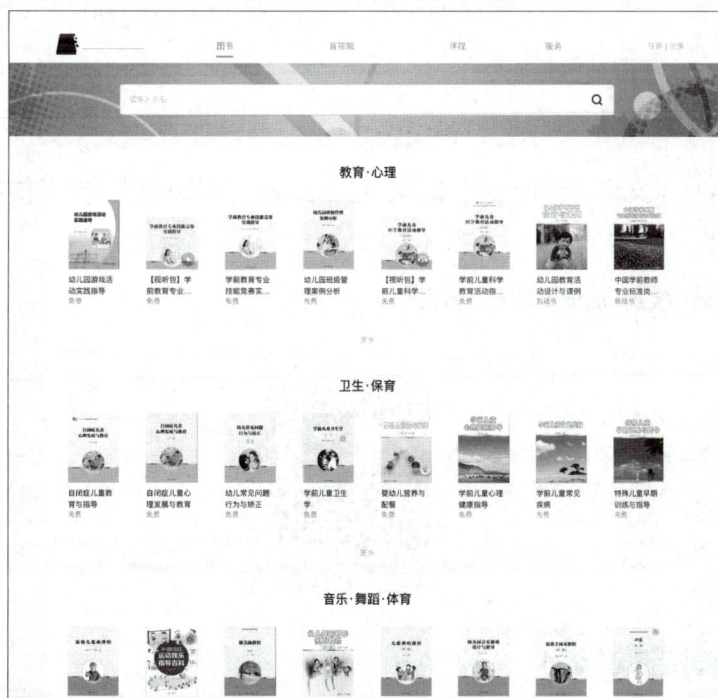

Step 1 登录网站"复旦社云平台"（www.fudanyun.cn），点击右上角"登录／注册"，使用手机号注册。

Step 2 在"搜索"栏输入相关书名，找到该书，点击进入。

Step 3 点击【配套资源】中的"下载"（首次使用需输入教师信息），即可下载。音频、视频内容可通过搜索该书【视听包】在线浏览。

【手机端】

PPT课件、音视频、阅读材料：用微信扫描书中二维码即可浏览。

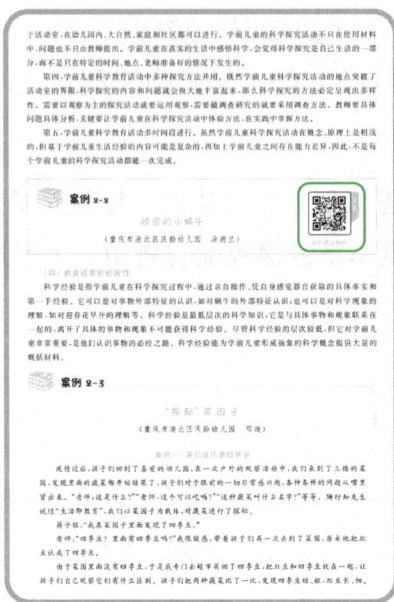

扫码浏览

【更多相关资源】

更多资源，如专家文章、活动设计案例、绘本阅读、环境创设、图书信息等，可关注"幼师宝"微信公众号，搜索、查阅。

平台技术支持热线：029-68518879。

"幼师宝"微信公众号

【本书配套资源说明】

1. 刮开书后封底二维码的遮盖涂层。

2. 使用手机微信扫描二维码，根据提示注册登录后，完成本书配套在线资源激活。

3. 本书配套的资源可以在手机端使用，也可以在电脑端用刮码激活时绑定的手机号登录使用。

4. 如您的身份是教师，需要对学生使用本书的配套资料情况进行后台数据查看、监督学生学习情况，我们提供配套教师端服务，有需要的老师请登录复旦社云平台（官方网址：www.fudanyun.cn），进入"教师监控端申请入口"提交相关资料后申请开通。

前　言

　　《幼儿园工作规程》《幼儿园教育指导纲要（试行）》和《幼儿园教师专业标准（试行）》以及最新颁布的《幼儿园保育教育质量评估指南》，都多次强调有效观察是教师必备的专业能力和首要职责。对于幼儿行为观察的重视能够反映出当代学前教育改革中的两个重要转变：一是从关注幼儿的一般整体、基于普遍情况进行无差别的教育，转变到关注独特个体、基于个性需求进行差异化的教育；二是从成人视角关注"教师如何教"，转变到站在幼儿视角关注"幼儿如何学"以及"学得怎么样"。这两个重要转变是提升我国学前教育质量的重要路径，也吻合了当前世界对高质量学前教育的发展要求。当前国家对幼儿保育专业高度重视，致力在中职教育阶段重点培养高质量的保教人员。随着我国学前教育质量不断提升，对高质量保教人员的需求也将增加，在保教并重、保教合一的背景下，幼儿行为观察应该是未来保教人员的必备能力之一。本教材正是在这一大背景下着手进行编写的。

　　作为幼儿学习的支持者和促进者，保教人员除了要为幼儿创设适宜的活动环境，更要学会有效地观察记录活动中的幼儿行为，并评估幼儿的发展水平，以更好地支持每个幼儿的发展。有效观察是保教人员专业成长路上的一个强大工具。区别于心理实验室中对幼儿的行为观察，教育场景中的幼儿行为观察是自然的、真实的，保教人员是在幼儿一日生活中参与式地进行着观察。观察活动能够把保教人员从"高高的"位置拉回幼儿身边；观察活动能够推动保教人员留意倾听、记录幼儿的一言一行，关注幼儿的成长过程，开展真实性评价；观察活动能够逐步改变保教人员的教育观念，落实"以儿童为本"的现代儿童教育观，在观察中不断持有"正向视角"

看待幼儿；观察活动还能够帮助保教人员规划适宜的课程以及优化教学方法，成长为反思型教师。

本教材包括八大学习模块，具体来看，每一模块会通过"模块导读""学习目标""内容结构"三个部分帮助学习者初步了解本模块的学习重点。此外，在每个模块后对应提供了近年来幼儿教师资格证考试的相关题目，便于学习者有针对性地整理基础知识。在每一个模块下，根据学习目标，以任务模块的方式详细介绍了幼儿行为观察与引导涉及的核心内容。通过八个模块的学习，学习者能够逐步掌握幼儿行为观察的概念、目的以及具体的操作步骤。本教材按照三大类观察法，即"描述法""抽样法""评定法"，依次对幼儿行为观察记录的具体方法进行了详细介绍。在对每一种观察记录方法进行介绍时，结合了《3—6岁儿童学习与发展指南》中的核心内容，配套丰富的实践观察案例进行讲解。此外，本教材的一个亮点在于分出两大模块专门介绍幼儿的适宜行为与偏差行为。通过对这两个模块的学习，学习者能够在掌握幼儿行为观察记录核心方法的基础上，在具体的观察情境中快速识别出幼儿的行为类型。在此基础上，学习者能够在科学幼儿教育观念的指引下，给予幼儿适宜行为积极的引导以让其更好地发展；同时，对于幼儿暂时出现的偏差行为，不再急于贴上标签，而是在持续观察、深入分析的基础上对幼儿的行为进行适宜的干预和引导，支持幼儿的持续性成长。

每一本书籍，都传递着作者们秉持的儿童观和教育观。我相信，保护儿童是教师最需要做的。在本教材的写作过程中，编写者们也始终秉持正向的儿童视角看待幼儿展现出的多种类型的行为。通过这本教材，希望向学前教育专业人士传达这样的理念：教师需要通过做出积极、有意识的教育选择来有效地保护和支持幼儿发展。

为了凸显本书的专业性与实用性，在教材撰写团队的搭建上进行了综合考虑，既有高校教师，也有职业学校教师，还有幼儿园园长及教师。本教材的具体分工如下：前言、第一模块、第四模块、第五模块由宁波大学教师教育学院林兰老师负责编写；第二模块和第八模块由濮阳市职业中等专业学校常琪老师和濮阳市实验幼儿园杨成林老师共同编写；第三模块和第七模块由台州科技职业学院周启宇老师、高珠峰老师及福建省尤溪职业中专学校何玉琴老师共同编写；第六模块由北部湾职业技术学校黄影华老师、彭小灵老师及钦州市钦南区第三幼儿园张艺腾园长、宁波大学学前教育专业硕士生廖茜共同编写；全书的统稿、整理工作由林兰老师负责。编写过程中，诸位老师付出了大量的时间与精力，参考了国内外大量的书籍、期刊和网络资料。本教材也受到了林兰老师主持的宁波大学教研课题"提升学前教育本科生观察见习质量的行动研究"（课题号：JYXMXYB2021017）的支持。

希望本教材能够进一步促进我国未来的幼儿教师、保育员等幼教从业者具备高水平的观察、记录与引导幼儿持续发展的能力。尽管我们的团队在教材编写过程中力求全面呈现幼儿行为观察与引导的实践性知识，但教材中仍不可避免存在一定的不足与疏漏，敬请广大读者不吝赐教。

林 兰

目 录

模块一

幼儿行为观察与引导的意义认知

模块导读

　　行为观察是保教人员理解幼儿的重要方法,也是改进自身教学与指导策略的重要依据。观察幼儿行为对教师的专业性有较高要求,因此是促进教师专业成长的有效途径。教师在进行观察时需要既看又想,不断对幼儿的各种行为进行细致的记录、分析,尝试理解幼儿不同行为背后的心理动机。对幼儿行为进行观察,有助于保教人员更好地成为一名懂幼儿、爱幼儿、善于引导幼儿持续成长的专业工作者。

学习目标

1. 理解幼儿行为观察与引导的内涵。
2. 掌握幼儿行为观察与引导的意义及原则。

内容结构

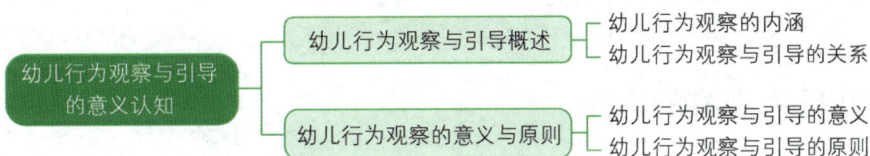

幼儿行为观察与引导的意义认知 ── 幼儿行为观察与引导概述 ── 幼儿行为观察的内涵 / 幼儿行为观察与引导的关系

幼儿行为观察的意义与原则 ── 幼儿行为观察与引导的意义 / 幼儿行为观察与引导的原则

任务一　幼儿行为观察与引导概述

案例导入

　　曼曼是一名刚入园不久的小班幼儿,当保育员小李老师正在帮助其他幼儿而没有注意曼曼时,她就开始哭闹并把头往桌上或地上撞。小李老师见状马上停下手里的事,过来抱起曼曼,曼曼则紧紧抱住小李老师不肯松手。

　　思考:作为一名保教人员,你会如何判断、评估这名幼儿的行为,又如何有效地对这名幼儿的撞头行为进行适宜引导呢?

　　解决上述问题,需要保教人员耐心地对幼儿进行观察。上述案例提到曼曼小朋友是一名刚入园不久的小班幼儿。面对曼曼的行为,小李老师可以提出一定的猜测来明确自己的观察重点。例如,曼曼是不是不喜欢来幼儿园?是不是出现了入园不适应?曼曼的撞头行为是想表现怎样的内心需求呢?只有找到这些问题的答案,小李老师才能更好地去干预曼曼的行为。小李老师可以综合采用观察法进一步了解曼曼撞头行为发生的频率、情境等信息。经过一段时间有目的的观察,小李老师能逐步发现曼曼撞头行为出现的规律,并深入分析其撞头的原因。通过观察了解到这些有效信息后,小李老师可以进一步采用积极安抚、转移注意力等策略有效引导曼曼停止撞头这种伤害自己的偏差行为。

　　从上述案例中可以看出,能够对幼儿的行为进行观察与引导对未来的保教人员具有重要意义。在本任务中,将详细介绍幼儿行为观察与引导的内涵。

任务要求

　　1. 理解幼儿行为观察的内涵。
　　2. 理解幼儿行为观察与引导的关系。

一、幼儿行为观察的内涵

(一)幼儿行为的内涵

　　提到幼儿,可以有很多词汇形容他们。这些词汇中有偏美好的描述,如"天真无邪""天马行空""无拘无束";但有些词汇对幼儿的描述则是偏消极的,如"情绪化""黏人""依赖性强"。成人在脑海中所勾画出的关于幼儿的形象实则反映了每位成人的儿童观。在教育领域,"幼儿"这一概念与年龄有着密不可分的关系。在美国,童年早期(early childhood)特指0~8岁,又可细分为:婴儿期(0~12个月)、学步儿期(1~3岁)、学龄前期(3~6岁)、学龄期(6~8岁)。在我国,也是按照年龄阶段对童年期进行区分的。我国幼儿园阶段的教育针对的就是3~6岁的幼儿群体。

　　幼儿自出生之日起,就进入了交往关系复杂的社会生活中。在与周围人群进行互动时,幼儿表现出复杂多样的行为。人类的行为可以分为本能的行为与社会的行为两大类。人的生物性决定着各种本能行为,如人类的摄食行为、睡眠行为、自我防御行为、追求刺激行为等。而人的社会性决定着各种社会行为,如人类的学习行为、社会交往行为等。人类的社会行为因受到其所处社会环境的影响而存在着一定的差异。

1. 行为的含义与特征

在《心理学大辞典》中，行为(behavior)是指有机体在各种内外部刺激影响下产生的反应，包括内在的生理和心理变化。简单来说，行为主要是指从一个人身上可观察到的举止、动作。行为有三层内涵：其一，行为表示一种活动过程；其二，行为表示某人当时的状态；其三，行为表示某人具有的某种行为特征。

整体来看，行为具有以下特征：第一，行为就是人们说的和做的，行为并不是个体的静态特征，而需要辨明行为的言、行；第二，行为具有多种测量尺度，行为可以进行频率、持续时间、强度方面的考察；第三，行为可以进行观察、描述和记录；第四，行为对外界环境产生影响，包括自然环境和社会环境；第五，行为具有可塑性；第六，行为可以是公开的，也可以是隐蔽的。从幼儿展现出的行为来看，有些行为出于幼儿的本能，如幼儿的如厕、饮水、睡觉等；有些行为则出于幼儿的社会性发展需要，如幼儿间的共同游戏、学习等。面对幼儿表现出的多种行为，教师需要有效辨识，并能给予适宜的引导，从而促进幼儿的可持续发展。

2. 幼儿行为的含义及关键特征

幼儿行为就是指人类在幼年期展现出的各种本能的行为及社会性的行为。在幼儿行为发展的过程中，会表现出一些关键的特征：第一，幼儿的行为发展是从未分化的泛化行为向分化的专门化行为发展的，如幼儿的大肌肉群发展会先于精细动作的发展；第二，幼儿的行为是由随意向不随意发展的，由被动性向主动性发展的；第三，幼儿的认知机能是从认识客体的直接外部现象到认识事物的内部本质发展的；第四，幼儿对周围事物的态度是由不稳定向稳定发展的。对幼儿行为发展规律的初步把握，有助于教师更好地解读幼儿外显行为背后的心理动因。

（二）科学观察的概念内涵

什么是观察？观察是否等同于看？人们看到的事物是否就是真实的呢？如何才能更好地通过观察了解事物的规律或事件产生的缘由，找到真相呢？需要明确的是：观察并不等同于看。在幼儿园中，很多幼儿教师都喜欢看着幼儿。例如，教师喜欢看幼儿是否认真地听自己讲话、看幼儿是否在专注地操作材料、看幼儿是否能独立进餐等。当教师开始看幼儿时，真正的观察行为还未发生。

1. 科学观察的定义

科学的观察特指基于明确的观察目的，有步骤、有计划地收集客观资料，并对客观资料进行分析整理，最终得出有一定意义或价值的结论，形成一份严谨的观察报告的过程。

2. 日常观看与科学观察的区别

如表 1-1-1 所示，日常观看并不等于科学观察。所谓观看，只是人们在日常生活中随意地对一些人或事物进行的一种信息收集活动。观看到的信息往往是零碎的、随机的、主观片面的。而观察是一种有计划、有目的、较持久的认识活动，是日常生活和科学研究不可缺少的手段。

表 1-1-1　日常观看与科学观察的区别

项目	日常观看	科学观察
目的	随机性强	目的明确
方法	随意感知	步骤清晰
结果	主观片面	客观可靠
侧重	注意过程	注重在过程中通过对获得的信息进行深入细致的研究，得出具有一定意义或价值的结论，并能形成观察报告

观察是一个从"输入"到"输出"的过程。观察的过程不仅是用眼睛看,更重要的是用大脑思考。这就会出现这样的现象:大家"看到"的事物是一样的,但"察出"的结果却是存在差异的。例如,瑞士心理学家皮亚杰以自己三个孩子作为观察对象写出了《儿童智力的起源》《儿童对现实的建构》和《儿童象征性的形成》等轰动世界的著作。我国幼教之父陈鹤琴先生对自己的儿子陈一鸣的成长作了长达808天的连续观察。他采用日记法,用文字和照片详细记录了陈一鸣出生后的成长过程。后来,陈鹤琴先生把自己的观察、记录与研究心得编成讲义,在大学里专门开设了儿童心理学课程。1925年,他的专著《儿童心理之研究》出版。皮亚杰与陈鹤琴两位学者都在养育自己孩子的过程中,通过日常观察写成了巨著。而在现实生活中也有千千万万的成年人在养育自己的孩子,但是为什么这些成年人对于自己孩子的行为却没能取得像上述两位先生一样的观察成就呢?为什么人们的观察结果会存在差异呢?其中的原因主要包括以下六个方面:第一,观察者所持的视角不同;第二,观察者的观察需要和观察经验不同;第三,观察者的知识背景不同;第四,观察者的观察技能存在差异;第五,观察者的观察目的不同;第六,观察者对某一现象缺乏完整、多层面的了解。在这些差异中,作为教育情境中的观察者,尤其需要警惕自己在观察中所持的观察视角。有学者描绘了两种截然不同的观察视角:一种是负向视角,另一种是正向视角。倾向于从负向视角看待幼儿的教师认为,幼儿缺乏自控力,会表现出较多不当行为。倾向于从正向视角看待幼儿的教师认为,幼儿在努力学习如何与周围的世界相处,努力理解成人提供的社会线索,尽自己最大的努力去运用这些知识和信息[①]。两种截然不同的视角必然会影响教师在观察幼儿时能够看到什么。表1-1-2呈现的是从两种不同的视角出发去描述同一名幼儿的同一行为。

表 1-1-2　负向视角与正向视角的区别

负向视角	正向视角
这个孩子对于什么是安全感毫无概念	这个孩子是充满活力的探险家、不知疲倦的实验家、具有奉献精神的科学家
这个孩子缺乏耐心	这个孩子渴望从自己的经验中以及与他人的互动中学到东西
这个孩子总是做不到手里不拿东西	这个孩子正在思考怎样控制自己的行为并照顾好自己、他人和周围的世界
这个孩子爱发脾气	这个孩子正在从依赖走向独立

3. 成功观察活动的要素

观察法是指有计划、有目的地观察研究对象在一定条件下言行的变化,并对结果进行记录和分析,从而得出结论的方法。

一次成功的观察活动应该具备以下要素:第一,明确的目的是有效观察的前提;第二,正确的方法是有效观察的关键;第三,科学的记录是有效观察的保障;第四,客观的分析是有效观察的目的;第五,促进发展是有效观察的宗旨。

(三)幼儿行为观察的概念内涵、特征及优点

1. 幼儿行为观察的概念内涵、特征

幼儿行为观察是通过感官或仪器,有目的、有计划地对自然状态下发生的幼儿行为及现象进行观察、记录和分析,从而获取事实资料的方法。幼儿行为观察具有以下三个重要特征:

第一,幼儿行为观察是在自然状态下进行的。"自然状态"是指观察者对于所观察的现象或行

---

① [美]盖伊·格朗兰德,玛琳·詹姆斯. 聚焦式观察:儿童观察、评价与课程设计[M]. 梁慧娟,译. 北京:教育科学出版社,2017.

为,不进行任何人为的控制。观察者要尽可能让观察对象的行为客观、真实地呈现出来。如在幼儿园中,保育老师对幼儿在餐点环节的进食情况及生活自理能力情况进行的观察。这种观察区别于心理学中对幼儿进行的实验观察。保育老师在观察时不需要对幼儿的行为进行干扰和控制,只需要真实记录下幼儿在自然进餐场景中的行为表现。

第二,幼儿行为观察是一种有目的、有计划、有一定控制的研究方式。观察者在一项观察活动开展的过程中,要做到"胸有成竹"。观察者需要事先对观察的时间安排、幼儿的观察顺序、是否使用其他设备仪器以及具体的记录方法都进行细致的安排。而且,观察者在正式观察前一定要明确自己的观察目的,对所要观察的问题也要有清晰的操作性定义。

第三,幼儿行为观察需要收集多方面的客观资料。在对幼儿行为进行观察时,教师要注意随时反思自身的偏见。因为面对幼儿复杂的行为,很可能教师只注意到了其中的一些片段。为了对幼儿行为有更深入和全面的了解,需要教师尽可能详细地收集幼儿行为的多方面资料。收集幼儿行为信息的途径有两类:第一类是教师借助自身的感官进行信息收集。教师需要在倾听、察看、思考的过程中读懂幼儿的行为;第二类是可以借助现代化的观察仪器,如录音笔和摄像机,对幼儿的行为进行追踪记录。无论采用哪一类收集资料的方式,都需要注意在资料收集的过程中保持客观。教师在做记录时要把对行为的客观描述和对这些行为的主观解释与评价严格区别开来。

2. 幼儿行为观察的优点

整体来看,幼儿行为观察是一种自然观察法。自然观察法具有如下优点:第一,由于自然观察法可以提供幼儿日常生活中的行为情况,所以它回击了对心理学研究描述性不强的批评;第二,自然观察法避免了实验室实验中操纵实验变量可能遇到的伦理问题;第三,现代化电子技术为观察法的使用提供了新的手段,如录像带可以重播、慢放,可以对被观察的行为事件进行仔细、准确的编码分析等。

(四) 幼儿行为观察的类型

1. 幼儿行为观察的分类方法

幼儿行为观察可以按照不同的分类标准进行区分。按照观察的时间安排,可以分为长期观察和短期观察;按照观察对象的数量,又可以分为群体观察和个体观察;按照观察的公开程度,可以分为隐蔽型观察和公开型观察;按照观察形式,可以分为结构型观察与非结构型观察;按照观察者在观察活动中的身份又可以分为参与式观察和非参与式观察。由此可见,幼儿行为观察是可以分为不同类型的。在具体选择观察类型时,观察者需要结合自己的需要灵活使用。

在幼儿园的一日生活中,保教人员需要把幼儿的需求放在首位。幼儿由于年龄小,生活自理能力处在不断发展的过程中,遇到问题或困难时喜欢向教师求助。这时,教师切不可因为自己在进行观察工作而忽视了幼儿们的请求。高质量的师幼互动才是保障幼儿健康发展的核心,因此,为了更好地兼顾观察工作,在一日生活中对幼儿进行的常态观察多为参与式观察。

2. 参与式观察法的内涵

参与式观察指观察者和被观察者一起生活、工作,在密切的相互接触与直接体验中倾听和观察他们的言行。参与式观察具有开放、灵活的特点,观察者的身份具有双重性,即教师既是幼儿活动的观察者,也是幼儿活动的参与者。

案例链接

案例: 大一班最近的晨间活动,教师给幼儿准备了很多小皮球用来练习拍球。保育老师夏夏发现班中的妞妞小朋友,每次都是站在其他幼儿旁边观看,自己却不愿意动手去拍一拍。夏夏老师拿起一个小皮球走到了妞妞身边。夏夏老师笑着对妞妞说:"妞妞,夏夏老师陪你一起玩好不好?"妞妞看着夏夏老师,身体却没动。夏夏老师继续耐心地对妞妞说:"夏夏老师还会一首拍球儿歌,我们一起拍一拍、试一试,好不好?"夏夏老师开始一边拍球一边对妞妞说:"我有一个球宝宝。拍一拍,跳一跳;拍得重,跳得高;拍得轻,跳得低;一拍一跳真有趣。"看着夏夏老师的样子,妞妞开心得笑了。夏夏老师说:"该你了,来试一试吧!"妞妞开心地接过了夏夏老师的小皮球拍了起来。

分析:案例中的夏夏老师使用了参与式观察,她没有因为在进行观察工作而忽视对幼儿行为的正确引导。通过主动参与幼儿的活动,夏夏老师帮助妞妞克服了内心的胆怯。

二、幼儿行为观察与引导的关系

(一)幼儿行为引导的概念

"引导"一词在《现代汉语大词典》中有两层含义:第一层含义表示"带领,使跟随";第二层含义表示"启发,诱导"。第一层含义表明"引导"意味着要带领人向着某个目标行动,第二层含义则表明了"引导"行为的发生伴随着启发和诱导的适宜方法。在教育领域,家庭教育中就有"正面引导"一词。在《中国学前教育百科全书·教育理论卷》中,"正面引导"是指家长教育子女的一项根本性原则,即在家庭教育中坚持正面教育和积极引导,使得孩子能够形成正确的观念、认识,从而指导他们的行动。

幼儿行为引导是指教师通过多种启发、诱导的手段,带领幼儿朝向某种目标行动的过程。教师对幼儿行为的引导可以分为直接引导和间接引导。直接引导主要依赖于教师的语言说教;而间接引导是教师通过创设环境、提供材料、组织游戏活动等策略,帮助幼儿达到某个目标行为的过程。在对幼儿进行行为引导中,教师不可过于依赖语言说教,而应该巧妙地借助多种间接引导的方法策略,帮助幼儿实现行为的发展目标。

(二)幼儿行为观察与引导相辅相成

幼儿行为观察是收集幼儿行为表现客观资料的过程,面对这些事实资料,教师在分析整理的基础上还需要通过后续的教育教学活动等手段引导幼儿进一步发展。

1. 幼儿行为观察是幼儿行为引导的基础

观察幼儿的行为是因为教师想要更好地了解幼儿,更加深入地把握幼儿的真实发展需要和个性发展特点。只有对幼儿的了解越深入,照护幼儿的过程才会越顺畅。例如,当在保育工作中发现一名幼儿总是喜欢吸吮手指,教师就可以通过对这名幼儿的细致观察,了解这名幼儿吸吮手指出现的频率以及出现这种行为的主要情境。教师可以通过查阅相关的文献,结合自己的观察资料去设计帮助这名幼儿改善吸吮手指行为的策略。通过观察,教师可以更好地理解幼儿的感受和行为,并做好引导幼儿行为的有效准备;通过观察,教师可以更好地理解每名幼儿是怎样以独一无二的方式表现自己创造力的,以便更好地通过提供适宜的材料、创设适宜的游戏环境引导幼儿的行为向更高水平发展。

2. 幼儿行为引导是幼儿行为观察的重要目的

通过观察了解幼儿的行为发展,并不是出于对幼儿进行问责或能力发展上的鉴定考虑。对幼儿进行行为观察,是为了更有针对性地进行教学活动设计,更好地满足幼儿的学习和发展需要。可以说,对幼儿行为进行有针对性的引导是教师开展观察行为的重要目的。

案例链接

　　《3—6岁儿童学习与发展指南》(以下简称《指南》)中明确要求学前阶段的幼儿要具备基本的生活自理能力。幼儿入园后,保育老师就特别关注班中幼儿的生活自理能力。小李老师发现洋洋在日常生活自理中总是喜欢寻找教师帮忙,并且喜欢以命令的语气要求他人。如果没有教师的协助,洋洋就无法独立进行生活活动。在进一步的活动观察中,小李老师发现洋洋可能存在着动作发展方面的不足。于是,小李老师决定使用幼儿动作发展水平观察评估表(表1-1-3),对洋洋的动作发展进行观察。

表1-1-3　幼儿动作发展水平评估表

观察日期:2021年9月20日　　　　　　观察者:小李老师
观察对象:洋洋　　　　　　　　　　　幼儿性别:男　　　　　　幼儿月龄:40个月
观察目的:了解洋洋动作发展的能力情况。

项目	条目内容	等级标准	A	B	C
动作发展	1. 走	1. 平稳地沿地面直线或小道走一段距离		√	
		2. 平稳走过平衡木			√
		3. 双脚灵活交替上下楼			√
	2. 跑	1. 自然地四散跑、不跌倒、不碰撞		√	
		2. 分散跑时灵活躲避他人的碰撞			√
	3. 跳	1. 双足自然蹦起、稳稳落地			√
		2. 身体平稳地双脚连续向前跳			√
		3. 单脚连续向前跳2米左右			√
	4. 钻爬	1. 双手双膝着地向前爬行,不碰到物体			√
		2. 手脚协调地攀登2米左右			√
		3. 手脚协调地侧身钻过障碍物			√
	5. 手指活动	1. 用笔涂涂画画		√	
		2. 熟练地使用勺子吃饭			√
		3. 用剪刀剪直线,边线基本吻合			√

　　经过观察发现,洋洋的动作发展情况不容乐观。关于动作发展的五个条目中,洋洋都处于较低的水平。于是,小李老师决定对洋洋的动作发展进行更有针对性的系统指导。

　　第一,通过与洋洋父母交流,发现洋洋在家得到的身体锻炼机会很少。在家中,洋洋的日常生活自理均由家长代劳。因此,针对洋洋的动作发展,小李老师建议家长要在家中多鼓励洋洋锻炼,并为家长提供了健身打卡徽章。鼓励洋洋按时打卡,每坚持一周,小李老师就会给洋洋一个小礼物。通过持续的走、跑、跳等锻炼,洋洋的大肌肉动作发展有了进步。

　　第二,在幼儿园中,小李老师在每日晨间运动时有针对性地为洋洋提供了关于走、跑、跳、钻爬的运动器械,鼓励洋洋坚持锻炼。

　　第三,在生活环节中,小李老师为洋洋准备辅助勺过渡,而后鼓励洋洋逐步独立使用饭勺。

　　第四,在区域游戏中,小李老师也关注洋洋的涂鸦等活动,及时与洋洋交流他的涂鸦作品和剪纸作品。

　　经过一个学期,在12月底再次对洋洋进行动作能力发展检核时发现洋洋各个方面都有了很大的提升。

由此可见,幼儿行为的观察和引导是紧密相关的。只有基于细致科学的观察才能制订出适宜的引导策略,进而促使幼儿更好地成长。

任务二　幼儿行为观察的意义与原则

案例导入

在餐点时间,安安(4岁10个月)坐在小桌旁对她的好朋友小岚(4岁2个月)说:"你坐在这儿,挨着我吧。"说完,安安拿起三块薄脆饼干,一边往自己的餐盘上放,一边数道:"1,2,3。"接着,她拿起自己装有豆浆的小杯子,对小岚说:"小岚,我们碰杯吧!"小岚笑了笑,端起自己的豆浆杯子靠近了安安的,两人的杯子碰在一起,嘴里同时说着:"干杯!"说完,两人笑着开始喝豆浆。

思考:作为一名保教人员,会经常负责照料幼儿的餐点活动。在这些活动中,你能通过观察发现幼儿行为和语言中传达出的奥秘吗?

从案例中可以看到,安安在这次餐点活动中展现了多种行为,这些行为能够反映出安安在多个重要领域中的发展水平。作为一名保教人员,要善于将日常观察工作中的简短轶事记录与《指南》结合,深入了解每个幼儿的发展程度,从而提高引导的适宜性。在上述案例中,通过对安安观察记录的分析,保教人员可以发现安安在以下领域中的成长:

科学领域中的发展——能够用一一对应的方法从1点数到3。

语言领域中的发展——善于用语言表达自己的想法和生活经验,且语言连贯。

社会领域中的发展——能够与同伴友好相处。

健康领域中的发展——能够独立进餐且保持愉快的情绪。

任务要求

1. 掌握幼儿行为观察与引导的意义。
2. 掌握幼儿行为观察与引导的原则。

一、幼儿行为观察与引导的意义

《指南》中明确指出,实施《指南》时应:"尊重幼儿发展的个体差异。幼儿的发展是一个持续、渐进的过程,同时也表现出一定的阶段性特征。每个幼儿在沿着相似进程发展的过程中,各自的发展速度和到达某一水平的时间不完全相同。要充分理解和尊重幼儿发展进程中的个别差异,支持和引导他们从原有水平向更高水平发展。"同时,作为教师"要理解幼儿的学习方式和特点。要珍视游戏和生活的独特价值,创设丰富的教育环境,合理安排一日生活,最大限度地支持和满足幼儿通过直接感知、实际操作和亲身体验获得经验的需要。"从上述文字中的"尊重""个体差异""引导发展""理解幼儿"等词语中能够看出,高质量学前教育的发展,离不开教师通过观察对幼儿行为进行充分的了解、把握幼儿行为的发展特点并能掌握引导幼儿向更高水平发展的有效策略。

（一）支持幼儿的持续成长

观察幼儿在一日生活、游戏和各种活动中的参与情况是收集幼儿各方面能力发展信息的一种重要方法。观察有助于教师洞察幼儿的行为，不论在当下幼儿采取的行为是积极取向的还是消极取向的。教师需要明确的是：幼儿总是在努力地学习通过适宜的方式让自己的需要得到满足。但是，在学习过程中，幼儿也经常会遭遇挫败，可能会选择通过打人或其他身体攻击的方式获得自己想要的游戏材料或游戏空间。面对这些情况，保教人员就需要积极地帮助和引导幼儿，使其能够掌握与其他幼儿适宜交往的方式，特别是掌握一定的友好协商策略。这些友好协商策略，会帮助班级中那些不受欢迎或易被忽视的幼儿获得同伴群体的认可。通过持续的观察，更好地帮助和支持这些幼儿成长是保教人员的重要责任。

案例链接

小迪(4岁10个月)想玩吊杠，可是睿睿正在吊杠上倒挂着。小迪问："你什么时候能玩好？我已经等了很久了。"那个幼儿没有回答。小迪又等了几分钟，然后举起了拳头。小李老师看到了赶快走过来，问小迪为什么要举起拳头。小迪说："应该轮到我玩了，可是睿睿就是不下来，还朝我吐舌头。"小李老师看着小迪说："有没有更好的办法能让你尽快玩到呢？"小迪说："我和他说了，可是他不听。他就想自己一直玩。"小李老师请睿睿听小迪说话。小迪看着睿睿说："等你玩好了，就轮到我玩，可以吗？我不应该打你，对不起，但你要听我说。"小李老师跟两个幼儿交谈后，他们又在吊杠上愉快地玩起来。

通过观察可以发现，在受到挫折时，小迪没有很好地控制住自己的情绪，而是出现了肢体攻击性行为。但在整个过程中，小迪也能够使用语言表达自己的想法，并且能够在小李老师的引导下与另一个幼儿进行对话，成功地解决了问题。对照《指南》会发现，在教师帮助下解决冲突是这个年龄段幼儿应有的发展水平。尽管小迪可能在后续与同伴交往中仍需要教师的提醒和帮助才能完全掌握适宜的解决冲突的策略，但可以肯定的是，基于观察进行的幼儿行为引导是能真正满足幼儿需要的。

（二）有效地开展教育活动

通过观察，教师能够使教育活动的开展更有针对性，使课程活动能够满足不同幼儿的兴趣和需要。此外，通过观察教师还能够检验一日生活中的各种活动组织是否恰当、适宜。特别是保育老师，要在一日生活中有目的地关注幼儿，关注幼儿之间的谈话、讨论，了解幼儿内心的需求。只有坚持以幼儿为本，多站在幼儿的角度思考班级一日生活的组织，充分考虑幼儿间的个体差异，才能设计出既考虑幼儿原有水平和需要，又富有挑战性的适宜活动。

案例链接

早上，毛毛(3岁2个月)是由妈妈和外婆送到幼儿园的。毛毛被妈妈牵着，一边走一边流着眼泪。外婆在一旁一直抚摸着毛毛的背安慰他。妈妈和外婆把毛毛送到了教室门口，小张老师把毛毛领进教室。他开始自己放水杯、洗手，一会儿安静下来了，坐在了自己的位子上。保育老师推着早点进来了，她让幼儿把牛奶杯取走，自己去拿早点(小饼干和牛奶)。两位教师发现其他幼儿都自主拿了小饼干、倒了热牛奶开始吃，只有毛毛一直坐在自己的位子上不动。保育老师走过去问毛毛："毛毛，你可以自己去拿一些饼干吃，还可以倒一些牛奶喝。"毛毛不高兴地说："我不要,我要外婆喂我。"说着哭了起来。保育老师耐心地蹲下来安抚毛毛,毛毛逐渐平静下来。

在这一周中,保育老师和小张老师又配合对毛毛进行了多次观察,发现毛毛属于入园较为不适应的一名幼儿。他的生活自理能力弱,不能独立使用餐具吃饭,还比较挑食。对家人的依赖性强,特别是较为依赖外婆。在园期间,一旦遇到困难,毛毛很容易哭泣。在与毛毛家人多次沟通后得知,毛毛的爸爸妈妈工作非常忙,在家里外婆是毛毛的主要生活照料者。外婆在家中十分宠爱毛毛,生活中很多事情都一手包办,吃饭时会给毛毛喂饭,也允许毛毛挑食。

由观察案例可知,有目的地观察和教育从幼儿早晨入园就开始了。幼儿入园环节是否顺畅,影响到幼儿一整天是否有良好的情绪。可以从幼儿独立有序地完成入园环节到进入晨间游戏的过程中,观察、了解他们的心情和"具有基本生活自理能力"的情况。

(三)促进教师专业成长

观察是蒙台梭利教育不可或缺的一部分,教师被蒙台梭利称为"指导者",其职责并不是把选定的知识内容按自己的意愿和计划传授给幼儿,而是要为幼儿创设良好的学习环境,协助幼儿自主管理和自主学习。为了确定所创设的环境能否满足幼儿内在的学习需求,想要给不同的幼儿推荐合适的事物和活动,教师必须观察幼儿。

观察的目的不是去评判幼儿,而是为了改进教师的保教工作。教师参与幼儿行为观察的过程即是在参与研究幼儿的过程。这一过程可以促使教师反思自己的教育理念和实践,提升专业能力。借助观察记录,教师能够获得幼儿发展的重要信息,能够有针对性地支持幼儿的成长。当幼儿在独自游戏或与他人进行互动时,教师应以开放、有准备的心态观察幼儿的成长与学习。教师对幼儿行为的观察与引导是一个持续性的过程,在观察中,教师便开始倾听、解读、理解幼儿。教师会越来越多地看到幼儿的潜能,更多地从正向视角看待幼儿的行为。在持续的反思中,教师会重新思考他们与幼儿之间的关系,逐步改变自己的教育观和儿童观。作为幼儿园教师,通过观察与引导的过程,能够达成师幼之间的高质量互动,真正满足幼儿成长的内在需求,实现教师作为支持者、合作者和引导者的专业角色。

以下策略能够更加有效地提升教师的专业成长:第一,教师要借助观察记录获得的信息为幼儿创造机会,最大限度地促进幼儿发展;第二,鼓励教师形成个性化的观察风格;第三,牢记观察的目的有助于教师清晰地知道什么内容是需要被记录的,懂得如何处理幼儿发展的问题;第四,将通过观察获得的信息用于评价幼儿和设计课程;第五,有经验的教师能够成长为观察者和记录者。成长最重要的一步是形成看待问题的多重视角[①]。

二、幼儿行为观察与引导的原则

幼儿行为观察与引导的原则是指在进行幼儿行为观察引导的过程中所采用的行动准则,这种行动准则是建立在幼儿教育的科学理念以及幼儿发展科学理论基础上的。在《儿童世界:从婴儿期到青春期》一书中,学者们提出了"探索儿童世界的基本准则"[②](表1-2-1)。这些基本准则涉及了有关幼儿发展的一些基本问题。这些基本原则也是幼儿行为观察与引导的基石。

[①] 〔美〕盖伊·格朗兰德,玛琳·詹姆斯. 聚焦式观察:儿童观察、评价与课程设计[M]. 梁慧娟,译. 北京:教育科学出版社,2017.

[②] 〔美〕沃伦·R·本特森. 观察儿童——儿童行为观察记录指南[M]. 于开莲,王银玲,译. 北京:人民教育出版社,2008.

表 1-2-1 探索儿童世界的基本准则

引导准则	对观察的意义
1. 各个发展领域相互关联	每一个发展领域都影响其他发展领域,同时也受其他发展领域的影响
2. 正常的发展表现出广泛的个体差异	每个儿童都与其他儿童不同,这条个体差异原则适用于每一个儿童
3. 发展是积极主动和相互作用的	儿童不是环境刺激的被动接受者,而是积极主动地寻求经验;更为重要的是,发展具有相互作用性
4. 发展必须在一定的环境中进行	这一条是指环境影响发展,维果茨基关于发展的社会文化观点可以说明这一点。对早期教育而言,来自儿童家庭、同伴群体、社会和文化等方面的环境影响尤为重要
5. 尽管早期经验对儿童发展有重要影响,但儿童的发展具有可修复性	这条准则区分了短暂且不经常出现的经验和持续且重复出现的经验,并对这两种经验的不同影响作用进行了区分。可修复性是指,如果儿童遭遇的负面损伤经验持续时间不长,那么他们可以从这些不利经验中得以恢复
6. 发展是不断累积的	儿童的发展水平不是孤立于或独立于之前已经发生的各种变化。核心观点是:既不要忽视儿童先前发展对其现有发展水平的影响,也不要忽视现有发展水平对儿童将来发展的影响
7. 发展表现如下特性: ① 复杂性 ② 分化 ③ 层级整合	① 复杂性是指发展指向于更加复杂和熟练的行为和能力。例如,4 岁儿童的身体动作、语言、思维和情绪等都比 2 岁儿童更加成熟、复杂和多样 ② 分化是指最初弥散而笼统的行为逐渐分离为相互独立的、比较熟练和精确的行为。例如,将婴儿的动作同 3 岁儿童进行对比。一个 3 个月大的婴儿躺在婴儿床上,想要够一个悬挂在他头上的物体,他往往会把整个身体都探出去;而 3 岁儿童在接近和抓握物体时,只会用到胳膊和手 ③ 层级整合使儿童可以把多种技能、行为和动作,作为一个协调统一的整体来发挥作用。例如,手指动作不仅可以同大的手臂动作区分开来,而且不同类型的动作可以服务于不同的目的。手指和手臂可以相互独立地工作,也可以作为一个整体来发挥作用

在幼儿行为观察与引导的过程中,总的原则应以促进幼儿持续性发展为根本目的,应基于行动准则对幼儿行为引导的价值取向、功能导向、引导标准等要素进行审视与判断。教师进行幼儿行为观察与引导的过程中,应遵循以下四条原则。

(一)儿童权益保护原则

在全美幼儿教育协会制定的《道德行为准则》(NAEYC,1989,1997)中居于首要位置的准则是:我们不能伤害儿童。我们不能做出对儿童不尊重的行为……该原则与《道德行为准则》中其他原则相比,居于首要地位[①]。在每一次观察活动中,教师都要落实幼儿权益保护原则,不能伤害幼儿,要充分尊重幼儿的权益。

案例链接

小李老师拥有非常好的观察技巧,她能够通过观察收集幼儿的信息。但是,小李老师喜欢和别的教师公开交流自己的观察记录,对于幼儿的姓名或拍摄的正面照片也不会做专门的处理。

① [美]玛丽安·玛丽昂. 观察:读懂与回应儿童[M]. 刘昊,张娜,罗丽,译. 北京:中国轻工业出版社,2021.

从上述案例中可以看出,小李老师违反了幼儿行为观察中的保密性原则,她的行为不符合儿童权益保护原则,因为她没有能够保护幼儿及其家庭的隐私。

在观察的过程中,教师须遵从一定的界限,保护幼儿家庭和幼儿的隐私,遵守观察记录的保密性原则。下面是关于保护家庭和幼儿隐私的实际建议:①知道哪些人可以看观察结果,哪些人不能看;②妥善保管观察记录和最终的报告;③完成一个时段的观察后,不让外人接触观察记录;④把每一份观察报告视为保密文件;⑤只有在正式分析观察记录的时候才谈论它们;⑥不主动和未经许可接触这些信息的人谈论所做的观察记录;⑦在收集幼儿的信息后不给他们贴标签。

(二)整体性原则

幼儿行为观察与引导的整体性原则体现在观察与引导内容区域的全面性和整体性,上文探讨的探索儿童世界的指导准则中的第一条准则也强调幼儿各个发展领域相互关联。因此,教师在观察幼儿时牢记这一点非常重要。例如,一个幼儿在健康领域的身体运动能力不足可能会影响其与身材高大的同伴之间的社会交往;而一个无法通过语言沟通与同伴交换游戏材料的幼儿,则更容易出现身体攻击性行为。幼儿的行为、个性特征、气质、身体特征和其他诸多因素都会影响他人如何对待幼儿或对幼儿作出反应;反之,他人的反应和特征也会影响幼儿的行为。

幼儿教育的根本任务是促进幼儿身体、认知、语言、社会性、情感等方面的全面和谐发展。因此,幼儿行为观察与引导的原则必须服务于幼儿全面发展这一幼儿教育的总目标。对幼儿行为的观察内容不应局限于幼儿知识或技能的习得,也要关注幼儿的兴趣、情感、个性特点、学习方式、发展优势等。在观察中,教师不仅要关注幼儿的知识技能发展,更要对情绪情感等非智力因素的表现,如积极尝试、独立自信、主动探究、大胆交往、自我表达的能力进行观察引导。在观察中,教师不能一味关注幼儿身上的偏差行为,也要看到每个幼儿身上的适宜行为。只有这样才能使得对幼儿的观察与引导更加全面、真实,使教师更好地把握每一个幼儿在成长中的优势和长处,增强幼儿的自信心。同时,通过观察教师也能够敏锐地捕捉到幼儿行为中的偏差行为,及时进行干预引导,帮助幼儿更加健康地成长。

(三)发展性原则

幼儿行为观察与引导的发展性原则体现在教师要正确认识幼儿行为发展的规律。幼儿是一个有着丰富内涵、不断发展变化着的个体,幼儿的发展存在着一个普遍的、可预知的顺序,也就是具有一定的阶段性。教师在观察中,要用发展的眼光看待幼儿展现出的行为能力,既要看到幼儿行为的现有水平,也要动态记录幼儿朝下一阶段发展的种种努力。

对幼儿行为观察的终极目标并不是让教师知道某个幼儿发展得怎么样,而是要让教师在了解了幼儿发展状况的基础上考虑应该怎样做,并采取措施有针对性地、高效能地促进幼儿个体更好地发展。幼儿行为观察不是"贴标签"的过程,特别是教师面对幼儿展现出的多种偏差行为时,更要以发展的眼光对待他们。教师切不可用自己手里非常有限的观察资料直接把幼儿区分成"好孩子""差孩子",不可把幼儿暂时表现的行为状态看成静态的、永恒的,借观察评价之口去伤害幼儿的自尊心。

(四)科学性原则

幼儿行为观察与引导的科学性原则指幼儿行为观察中使用的收集幼儿发展信息的工具、观察资料收集的过程要确保能够正确、全面、客观地反映出幼儿的真实发展水平。

当然,教师在观察工作中会带有自己的主观目的。例如,有的教师想要了解幼儿的生活自理能力;有的教师想要了解幼儿与同伴交往中的分享行为;有的教师则关注班级内幼儿的攻击性行为。不同的观察目的会使得教师选择不同的观察记录方法开展工作。但需要注意的是,无论选择哪种观察记录方法,在观察记录过程中要保持资料收集的客观性。当明确了观察目的后,要尽可能控制自身的主观性,避免干扰客观资料的收集。在描述法的运用中,教师要通过描述还原幼儿说了什么、做了什么,而不能在客观描述的过程中夹杂自己的主观感受。在抽样法和评定法的运用中,教师也需要对观察的目标行为进行清晰的操作性概念界定,使得使用结构化观察表格的人在填写时不会出现概念混淆、主观臆断等问题。

模块小结

　　幼儿行为观察是通过感官或仪器,有目的、有计划地对自然状态下发生的幼儿行为及现象进行观察、记录和分析,从而获取事实资料的方法。第一,幼儿行为观察是在自然状态下进行的;第二,幼儿行为观察是一种有目的、有计划、有一定控制的研究方式;第三,幼儿行为观察需要收集多方面的客观资料。作为保育工作者,为了更好地兼顾观察工作,在一日生活中对幼儿进行的常态观察多为参与式观察。幼儿行为观察与引导之间是相辅相成的关系:幼儿行为观察是幼儿行为引导的基础;幼儿行为引导是幼儿行为观察的重要目的。幼儿行为观察与引导能够帮助教师更好地支持幼儿的持续成长,有效地开展教育活动及提升自身专业成长。在开展幼儿行为观察时,教师要遵循相应原则,要切实把保护幼儿权益放在首位。

思考与练习

一、单选题

1. 人类的行为可以分为本能行为与(　　　)。
　　A. 学习行为　　　　　　B. 社会行为　　　　　　C. 交往行为　　　　　　D. 聚群行为

2. 下面对幼儿行为观察坚持的原则说法不正确的一项是(　　　)。
　　A. 幼儿行为观察要把观察者的目的放在首位
　　B. 幼儿行为观察坚持整体性原则
　　C. 幼儿行为观察坚持发展性原则
　　D. 幼儿行为观察坚持科学性原则

二、判断题

1. 参与式观察法不适合幼儿园教师使用。　　　　　　　　　　　　　　　　　(　　　)
2. 幼儿行为观察与引导之间是相辅相成的关系。　　　　　　　　　　　　　　(　　　)
3. 幼儿行为观察的宗旨是评价鉴别幼儿。　　　　　　　　　　　　　　　　　(　　　)

三、简答题

1. 日常观看和科学观察的区别是什么?
2. 两种观察幼儿的视角分别是什么?

四、实践题

　　请课后查阅相关文献,收集《儿童权利公约》中关于儿童权益的具体表述,小组共同讨论在幼儿行为观察中如何落实保护幼儿权益。

■ 聚焦考证 ■

一、单选题

1. 妈妈带 3 岁的岳岳在外度假。阿姨打来电话问:"你们在哪里玩?"岳岳说:"我们在这里玩。"这反映了岳岳思维具有什么特征? ( )①

   A. 具体性   B. 不可逆性   C. 自我中心性   D. 刻板性

2. 教育过程中,教师评价幼儿的适宜做法是( )。②

   A. 用统一的标准评价幼儿

   B. 根据一次测评的结果评价幼儿

   C. 用标准化的测评工具评价幼儿

   D. 根据日常观察所获得的信息评价幼儿

3. 生活在不同环境中的同卵双胞胎的智商测试分数很接近,这说明( )。③

   A. 遗传和后天环境对儿童的影响是平行的

   B. 后天环境对智商的影响较大

   C. 遗传对智商的影响较大

   D. 遗传和后天环境对智商的影响相当

4. 活动区活动结束了,可是曼曼的"游乐园"还没搭完,他跟老师说:"老师,我还差一点儿就完成了,再给我 5 分钟,好吗?"老师说:"行,我等你。"一边说,一边指导其他幼儿收拾玩具……该教师的做法体现了幼儿园一日生活安排应该( )。④

   A. 与幼儿积极互动   B. 根据幼儿的活动需要灵活调整

   C. 按照作息时间按部就班地进行   D. 随时关注幼儿的活动

二、简答题

简述教师观察幼儿行为的意义。⑤

三、论述题

1. 教师可以从哪些方面观察幼儿的注意是否集中?⑥
2. 论述教师尊重幼儿个体差异的意义与举措。⑦

---

① 2021 年上半年幼儿园教师资格考试《保教知识与能力》试题。
② 2018 年下半年幼儿园教师资格考试《保教知识与能力》试题。
③ 2018 年下半年幼儿园教师资格考试《保教知识与能力》试题。
④ 2016 年下半年幼儿园教师资格考试《保教知识与能力》试题。
⑤ 2017 年上半年幼儿园教师资格考试《保教知识与能力》试题。
⑥ 2016 年上半年幼儿园教师资格考试《保教知识与能力》试题。
⑦ 2016 年上半年幼儿园教师资格考试《保教知识与能力》试题。

模块二

幼儿行为观察记录的有效撰写

教学课件

模块导读

　　记录是观察的必要组成部分,在观察实践中发挥着重要作用。了解观察记录的重要意义,学会运用合适的观察工具,在繁忙的工作中巧妙抓住时机对幼儿进行观察,同时有效回避记录中易出现的错误,完成真实有效的观察记录,是保教人员提升幼儿观察与引导能力的基本功。

学习目标

1. 掌握做好观察记录的要领。
2. 学会保障撰写观察记录时间的方法。
3. 了解观察记录撰写的误区。

内容结构

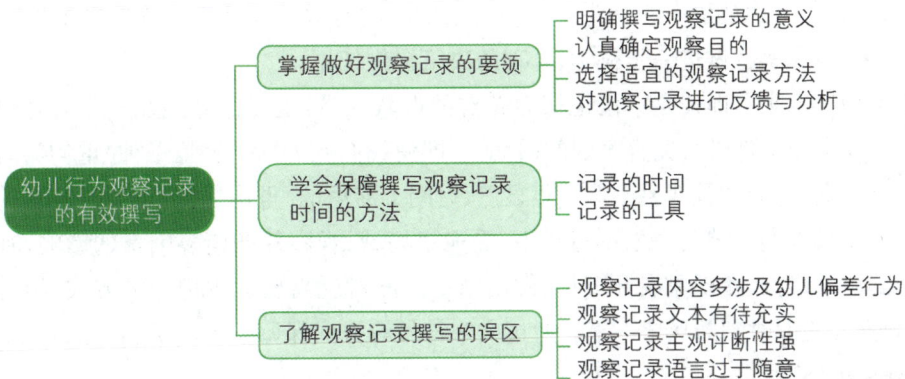

幼儿行为观察记录的有效撰写
- 掌握做好观察记录的要领
  - 明确撰写观察记录的意义
  - 认真确定观察目的
  - 选择适宜的观察记录方法
  - 对观察记录进行反馈与分析
- 学会保障撰写观察记录时间的方法
  - 记录的时间
  - 记录的工具
- 了解观察记录撰写的误区
  - 观察记录内容多涉及幼儿偏差行为
  - 观察记录文本有待充实
  - 观察记录主观评断性强
  - 观察记录语言过于随意

任务一　　掌握做好观察记录的要领

案例导入

　　小张是一位刚入职的保育员。最近,在跟家长沟通幼儿在园表现时,她经常想不起很多幼儿在园行为表现的具体细节。因此,她感到家园沟通工作做得很不顺畅。焦虑的她便向经验丰富的教师求助。经验丰富的同事告诉她,在日常工作中做好对幼儿的观察记录是非常有效的方法。

　　思考:观察记录真的是自己专业成长、做好家长工作的"法宝"吗? 应该如何做好观察记录呢?

　　观察记录是对幼儿行为最真实的展现,蕴含着保教人员的智慧,见证着幼儿的成长,也是与家长进行家园沟通的依据。掌握做好观察记录的要领,是每位保教人员必备的专业素养。

任务要求

　　1. 理解做好观察记录的重要意义。
　　2. 掌握做好观察记录的方法以及注意事项。
　　3. 能根据实际情况选用连续记录法、表格符号记录法或者现代信息技术记录法撰写观察记录。

一、明确撰写观察记录的意义

　　观察记录是幼儿行为观察中的重要一环。观察记录的有效撰写能够将观察者的所见所闻客观完整地保留下来,为观察者做进一步科学、合理的决策提供依据。

　　"好记性不如烂笔头",即使是一位记忆力超群的保教人员,也无法做到在事后对之前某一特定时间、特定地点发生的事件进行完整客观的回忆。"即使我们认为'回忆'是一种'重构',时间先后和地点差异也会对'重构'的质量产生影响。很显然,时间上滞后的'重构'显然与当时当地的'重构'不一样。"[①]并且在对幼儿行为进行观察的过程中,受观察场域、观察任务诸多因素的影响,观察者也无法当即对幼儿某一行为或者现象展开分析、做出结论。此时就需要运用记录的方式,尽可能地把客观事实或者观察者的即时判断保留下来。通过文字符号等方式保留下来的资料,也为观察者开展进一步的工作提供了依据。

　　观察记录是对幼儿发展过程、学习过程的记录,无论对幼儿偏差行为抑或是适宜行为的记录,都是广大保教人员对幼儿进行形成性评价的依据。及时观察、及时记录,能够帮助保教人员发现当前教育教学工作中存在的问题,以更好地认识到幼儿的个体差异。掌握好撰写观察记录的要领,做好对幼儿行为观察记录的工作,也能使观察者更加熟悉幼儿,在与家长进行沟通时做到有章可循、有话可说、有理有据。家长在了解到孩子在幼儿园的真实发展状况后,可以有针对性地开展相应的家庭

---

　　① 陈向明.质的研究方法与社会科学研究[M].北京:教育科学出版社,2000.

教育,加强与幼儿园的交流合作,共同助力幼儿成长。

二、认真确定观察目的

观察记录是有主题、有任务、有目标的。如果一位保教人员毫无目标与方向地去观察幼儿行为、撰写观察记录,那么这篇观察记录极有可能会成为无源之水、无本之木。在开展观察之前,一定要做好充分的准备工作,在对班级幼儿行为状况、幼儿园当前保教目标充分了解的基础上,确定自己的观察目的,带着目的去观察。如此,观察者的观察才会有侧重点,所撰写的观察记录才有意义。那么,怎样才能确定一个有价值的观察目的呢?

(一)基于幼儿特定行为确定观察目的

在观察开始前,保教人员需要明确想要观察的是幼儿哪一类行为或者思考幼儿的行为与学前教育中五大领域(健康、语言、社会、科学、艺术)的相关性,从而明确自己的观察目的。本教材会帮助保教人员结合《指南》明确幼儿行为观察目的,还会从幼儿的"适宜行为"与"偏差行为"两个维度帮助保育工作者在日常工作中快速明确自己的观察目的。

保教人员可以在自己的日常教育教学工作中潜心观察,将观察目的确定为某一特定的行为,通过观察、记录与分析,探寻幼儿出现此种行为的原因,并有针对性地分析应对此类行为的策略。除对个别幼儿行为进行个案追踪观察记录外,也可以就班内某一群体现象展开观察。

案例链接

小张是大三班的保育老师,最近她发现班里的幼儿在盥洗环节经常玩水,每次都把卫生间的地面弄得又湿又脏。于是小张决定围绕幼儿"玩水"的现象开展细致的观察工作,以解决问题。她像往常一样,没有直接制止幼儿的行为,而是在接下来一周的盥洗时间展开了观察。小张坚持把每一天幼儿玩水的经过详细记录了下来。经过连续一周的观察记录,小张发现每一次玩水时都是由固定的几名幼儿带头,其他幼儿跟随参与进来。整个过程中,幼儿们情绪愉快,并未发生冲突行为。小张把自己的观察记录结果和班内其他两位教师进行了沟通。三位教师认为:喜欢玩水是幼儿的天性,在玩水的过程中幼儿释放了一定的消极情绪,满足了探究不同材质物体的兴趣,但是在盥洗室打开水龙头直接玩水存在浪费水资源的问题,需要以一定的策略进行引导。

知识拓展

幼儿天生喜欢玩水,在与水进行互动的过程中,幼儿能够释放消极情绪、满足探究欲、发展感知觉能力。

尽管玩水对幼儿有非常多的益处,但当保教人员在生活活动中发现幼儿存在浪费水资源的现象时,可以主动与班上的教师进行沟通,提出有针对性的引导策略。

例如,为了更好地满足幼儿探索水的愿望,可以建议班级教师在科探区中创设专门的"玩水"材料,提供与"大小""多少""沉浮""压力"等有关的科学材料,不仅能够让幼儿收获快乐,还能培养其自主探究能力。

此外,教师还可以结合晨谈环节,和幼儿一起制订班级公约,开展班级"节水小达人"的评选工作,有意识地引导幼儿在日常生活中形成节约用水的意识。

(二) 基于幼儿园一日生活中的保教活动确定观察目的

在幼儿园中,一日生活是以多种活动的形式组织的,其中主要包括运动活动、学习活动、生活活动和游戏活动。在不同的活动环节,教师都可以结合保教活动的具体内容确定自己的观察目的。例如,在由教师组织实施的主题学习活动中,教师就可以结合主题学习活动中幼儿的注意力、语言表达、操作能力等多个维度开展观察记录。在生活活动中,教师则可以对幼儿的自主进餐、午睡习惯、盥洗及如厕能力进行有目的的持续观察记录。在游戏活动中,教师可以根据不同的游戏类型确定观察目的,实施观察。在运动活动中,教师则可以结合幼儿大肌肉发展中的"力量与耐力""平衡性""灵敏性""协调性"等维度确定观察目的并开展观察。

以保教活动为观察记录的主要内容,有效撰写观察记录与分析后,不仅可以为今后的课程制订提供参考,也可以根据幼儿的发展情况对课程质量进行客观的评价,同时还可以提升观察者的专业素养。

(三) 基于幼儿个人发展的观察

《指南》建议我们关注幼儿发展的个体差异性。因此,在确定观察目的时,除从特定行为现象和保教活动出发外,还可以从某一幼儿出发。基于幼儿个人发展的角度展开观察、记录与分析,可以有效地了解到该幼儿的发展是否滞后,需求是否得到满足,以达到教育以幼儿为本的目标。

三、选择适宜的观察记录方法

观察不是千篇一律的,因此在撰写观察记录的时候,需要根据观察的目的、内容等要素,选择适宜的观察记录方法。撰写观察记录的方法纷繁多样,有轶事记录法、频数记录法、等级记录法、实况详录法等。这些观察记录方法可以分为两类:一类是质的观察记录方法,如轶事记录法、实况详录法和观察日记等,又称连续记录法。这一类观察方法的一大特点是连续性,主要针对单一被观察者某一特定行为展开。另一类是量的观察记录方法,如时间抽样记录法、等级评定记录法等,又称表格符号记录法。这类观察记录方法常常在被观察者数量较多的情况下采用,针对某一共性行为或一般行为。除了这两大类观察记录方法外,随着现代信息技术的发展,照相、录像等现代技术手段也逐步被广大观察者使用,值得注意的是,这一类观察记录能够真实地反映被观察者的行为,但是相关资料需要在转录以后方可使用。

(一) 连续记录法概述

1. 连续记录法的含义

连续记录法是几种质的观察记录方法的统称,观察者主要使用纸、笔撰写文字的方式进行。观察者需要对被观察者的行为、语言、神情、姿态、动作等细节按照事件发生的先后顺序进行记录,可以根据具体的记录方法选择详细或简略记录。连续性和描述性是它的两大特点。

2. 连续记录法的适用情况

连续记录法通常在两种情况下使用。第一种情况是即时记录,对此时此刻正在发生的事情进行记录,如实况详录法;另一种情况是在事情发生以后,对被观察者已经发生过的行为进行再现式记录,如轶事记录法。下面是一段连续性记录。

案例链接

中班的小李老师在建构区使用连续记录的方法对幼儿行为进行了观察(连续性记录节选):

小 A 观察了墙面上张贴的建构图纸说:"我去过一个大桥,两边都是山,公路是从山洞里出来的,要不然我们搭一个汽车公路隧道吧!"随之而来的是其他幼儿的赞同意见。小 A 将纸砖首尾相连作为路基,将长积木当作路面,首尾相连,平铺在了纸砖上。当路面连接到一半的时候,已经有其他两名幼儿前去拿纸砖去路基上面搭建隧道。小 A 此时正在连接积木,看到了两个人正在尝试搭建隧道,于是也跑了过去,三人一起讨论如何用纸砖做出隧道的样子。约两分钟后,小 A 尝试在木板的板面上方两侧把两块纸砖的长侧面相对放置,把第三块纸砖盖在上面,这样就完成了第一组隧道。他发现这种办法奏效了,于是效仿这种做法,搭建了长长的、中空的隧道。随后利用小汽车、积木等材料进行了简单的装饰……

3. 连续记录法的优点与不足

(1)连续记录法的优点

第一,能够最大限度还原现场的每一处细节。无论是日记法,抑或是实况详录法等使用连续记录法所撰写的观察记录,都能够将被观察者的关键语言、动作、神情等重要信息详细记录下来,最大限度地把现场的每一处细节还原出来。只要情境合适,利用最简单的记录工具(纸与笔)就可以展开记录,灵活机动,利于捕捉每一条重要信息。

第二,对事件的记录是连续的,便于展开分析。连续记录法可以把被观察者在某一特定时间段内的行为进行完整、连续的记录,在后续针对观察记录对被观察者的相关行为进行分析时,教师可以通过阅读观察记录做到对现场情况的前因后果一目了然,进而分析被观察者呈现出的每一种行为的可能原因,为进一步的相关决策提供真实有力的参考依据。

(2)连续记录法的不足

第一,容易在记录过程中掺杂观察者的个人主观情感。观察者在使用连续记录法撰写观察记录时,难免会在记录过程中对被观察者的语言、动作、神态等进行有选择的记录,如此便会一定程度上忽略被观察者的某些行为,观察记录的结果与现场实况相比就会有所出入,降低了观察记录的客观性。

第二,连续记录法对现场快速记录、还原的要求较高,因此对观察者的专业素养要求较高。连续记录法对观察记录的完整性要求很高,对于日记法,需要观察者能够记下观察现场的细节;对于实况详录法,需要观察者能够迅速将被观察者的行为在特定时间内速记下来。总而言之,连续记录法要求对被观察者的行为进行快速记录、高度还原,对观察者来说是不小的挑战。

4. 使用连续记录法的注意事项

(1)把被观察者的行为表现按照顺序尽快记录下来

由于观察现场中,被观察者的行为指向有很强的不确定性。因此,观察者需要迅速进行记录,文字简洁明了,但是不可以遗漏任何重要信息与细节。如果现场时间不允许详细记录下来,观察者可以先记录梗概,待当前活动结束后,趁短期记忆尚未消失,利用回忆将详细的观察记录补充完整。同时应注意保证记录的顺序与被观察者行为发生的顺序保持一致,要做到让观看这份观察记录的人感觉回到了现场。

（2）注意观察记录描述的层次性

在对被观察者的行为进行记录描述时，应保证对被观察者的行为进行深层次的描述。描述被观察者的行为主要分为三个层次：第一层次仅描述被观察者的主要动作或者主要活动；第二层次在第一层次的基础上延伸出较为细致的信息；第三层次则详细描述被观察者如何开展主要活动。

案例链接

中班的小李老师在盥洗区对幼儿进行观察，可以从以下三个层次详细描述被观察者如何开展洗手活动：

第一个层次：描述主要活动。小李老师可以速记："小A和小Q在一起洗手。"

第二个层次：延伸较为细致的信息。小李老师可以进行补充："小A很快就洗完手离开了，小Q一直到最后还没洗完。"

第三个层次：进一步丰富幼儿如何开展主要活动。小李老师完善观察记录："小Q一边对照着墙上的'七步洗手法'，读着上边的字，一边洗手。"

（3）注意记录语言应该具体详细、客观完整

连续性观察记录是在事件发生以后，仍能被读者（包含观察者）读懂的观察记录。因此，观察者在撰写观察记录时一定要具体详细，避免使用概括性的语言。观察记录作为读者研究幼儿发展、课程效果的重要依据，其用词一定是严谨的、客观的，如果过多使用文学用语、主观用语，则会影响观察记录的参考效果，建议使用白描的方式进行记录。

（二）表格符号记录法概述

1. 表格符号记录法的含义

表格符号记录法就是在观察前就已经设计好表格观察工具，记录被观察者某一或者某些行为出现的频率、等级的强弱、行为的分类。通常使用的是频数记录法、等级评定法。

2. 表格符号记录法的适用情况

（1）频数记录法

频数记录法主要记录被观察者的某些行为有无发生以及发生的次数。在观察前将本次观察的内容列成表格，在观察过程中使用符号（如√与×）即时记录，可以针对某一幼儿开展，也可以针对全体幼儿开展。

（2）等级评定法

等级评定法就是按照一定的标准，围绕某一个明确的观察主题对这一主题下被观察者的行为表现进行等级评定记录的方法。如表2-1-1所示，观察者可以将幼儿行为表现的等级水平划分为"三级水平""四级水平""五级水平"或"七级水平"等进行评定。整体上，教师对幼儿行为表现划分的水平越细致，观察评定的难度越大。针对不同水平的表现需要明确判断的标准，这样才能够避免在判断时过于主观、随意。

表2-1-1 "大班幼儿责任感发展"五级水平评价表

检核项目	水平1	水平2	水平3	水平4	水平5
1. 该幼儿积极主动参与体育锻炼活动					
2. 该幼儿在使用图书、玩具、学习用品后能主动整理					

检核项目	水平1	水平2	水平3	水平4	水平5
3. 该幼儿能根据实际情况主动增减衣物					
4. 该幼儿做事不拖沓					
5. 当其他幼儿不舒服时,该幼儿能够主动关心或报告					
6. 该幼儿不对教师或同伴撒谎					
7. 该幼儿能够遵守各项规则					
8. 看到不整洁的地方,该幼儿能够主动整理或报告					
9. 在集体活动如表演、队列中,该幼儿能够主动约束自身行为					
10. 该幼儿爱惜班级公共物品					
11. 该幼儿愿意为班级的事情出主意、想办法					
12. 对于教师提出的要求,该幼儿能够很好地记住					
13. 对于教师安排的任务,该幼儿能够很好地完成					
14. 该幼儿能够主动履行自己作为值日生的职责					
15. 对自己的活动(如建构游戏等),该幼儿总能坚持完成					
16. 该幼儿在日常生活中爱护环境、节约资源					
……					

从表2-1-1可以看出,教师完成上述以等级评定法撰写的观察记录时,既可以选择在观察现场完成,也可以在现场观察后再通过回忆的方法将幼儿的相关行为表现记录下来。但整体上,在完成上述表格的记录时,教师有两个方面的工作需要认真完成。第一项工作是围绕特定主题对具体的检核项目进行编写;第二项工作是对五个等级水平进行清晰的界定,便于教师基于相同的评价标准对幼儿行为进行判断。

3. 表格符号记录法的优点与不足

（1）表格符号记录法的优点

第一,能够记录多个被观察者或多种行为。在采用表格符号记录法对幼儿的行为进行观察记录时,可以通过对观察记录表格的维度划分、题项设置、符号设定等方式,在同一观察时段内对多种行为或多个被观察者进行观察,这是连续记录法所不具备的优点。教师在后续对观察记录进行分析时,可以通过表格量化的方式发现一些共性的问题。

第二,方便快捷,基本不会产生遗漏信息的情况。观察者可以根据表格中的题项设计对幼儿进行观察,根据幼儿的行为表现对照题项用标记进行快速记录,方便快捷,基本不会遗漏信息。

第三,客观性强。在记录时针对幼儿某一行为出现与否,只需在相应表格中记录"有"或"无"、"是"或"否",能够保证观察记录的客观性。

（2）表格符号记录法的不足

在使用表格符号记录法对幼儿进行观察记录时,需要事先设计观察工具,比如相关的表格题项、符号的定义等,在设计观察记录工具时应当结合观察主题,对观察者的专业素养要求较高。

（三）现代信息技术记录法概述

随着科技的发展,诞生了很多可以应用在观察记录中的便捷实用的现代观察技术,如照相、录音、录像等。这些记录方式生动形象,可以完整、真实地还原被观察者的所有行为。因此,观察者可以根据实际情况适当采用现代技术手段进行记录,但是要注意在记录之后对资料进行转录整理。

1. 照相

观察者通过照相的方式,可以真实地反映幼儿在某一瞬间做了什么,如幼儿在区域游戏中做了什么、在户外活动中与同伴有无互动等。保教人员通过对照片中幼儿的状态进行观察,也能够加深对幼儿的了解,提升自身的观察能力与水平。

2. 录像

与照相不同,录像是动态的,可以最为真实、完整地还原幼儿行为的场景,在观察记录时极为方便。在使用此方法进行记录时,观察者应根据幼儿行为发展的阶段,在合适的契机开始记录,同时注意调整录像设备的位置,不能影响被观察者,也不能影响录像效果。在录像完毕后,对录像内容进行标记存档,也便于其他研究者观看。需要注意的是,一次性录像的时间是需要控制的,初学者最好将一次录像的时长控制在5～8分钟,便于进行视频资料的转录和整理。一次录制过长的视频资料,实际上是不利于观察者整理的。

四、对观察记录进行反馈与分析

一篇完整的观察记录,不应只有对被观察者行为的描述,观察者在观察记录完毕后,应该及时针对观察记录中幼儿的典型行为等进行反馈与分析。唯有如此,才可以根据观察记录发现被观察者的闪光点与不足,审视当前课程与游戏组织的合理性,调整班级环创和游戏材料。反馈与分析是观察记录的目的所在,也是观察者进一步进行相关调整的重要思考与依据。

案例链接

在第一次建构活动中,选取的材料种类较少,在搭建过程中幼儿采用了连接、立体围合、平铺等技能。虽然在美观方面稍有欠缺,并且全程只是一条长长的直线,没有进行空间展开的复杂操作,但是在围合技能的训练上以及对材料的新用法上取得了不错的效果。因此,教师做了如下调整:第一,吸取了此前建构区存放材料空间狭小的教训,对建构区进行了调整,减少了材料投放的种类,使得空间相对扩大,便于幼儿取放材料。第二,本次采取了非参与式观察,并且未介入指导。但幼儿搭建作品偏移了主题活动,且结构比较单一,因而教师仍应适时地对幼儿介入指导,并通过增减材料体现出来。

在后续的建构活动中,教师把建构区的主题与课程内容及幼儿的生活经验结合起来,比如幼儿生活的幼儿园、在电视上看到过的火箭发射等。幼儿会将他们所记录下来的关于生活、兴趣的每一个细节,利用手中的低结构玩具材料恰如其分地展现出来。

任务二　学会保障撰写观察记录时间的方法

案例导入

婷婷老师常常抱怨道:"我也知道观察记录幼儿是教师的工作内容之一,如果不管幼儿,我当然有时间观察、记录幼儿。可是,我不但要带班,要备课,要布置环境,还要做其他很多繁杂而又琐碎的工作……哪里来的这么多时间去观察呢!"确实,幼儿教师的工作真的是辛苦而又繁重!

思考:如何在有限的时间里把握好观察记录的时机呢?可以给婷婷老师什么建议呢?

保教人员在幼儿园的工作繁忙而琐碎,巧妙把握观察记录的时间和方式能够在日常生活中节约大量的时间和精力,这就要求在有限的时间内抓住观察时机,找到适合自己的记录方式。

1. 掌握保障观察记录时间的方法。
2. 了解保障观察记录时间方法的特点。
3. 掌握常见的记录工具并能够灵活运用。

一、记录的时间

(一)和幼儿在一起时即时记录

1. 和幼儿在一起时即时记录的方法

对于观察者而言,时刻记录幼儿行为显然是不可能实现的。在幼儿的一日生活中,吸引教师开展观察工作的行为可能是幼儿的某类行为(适宜行为或偏差行为),也可能是教师第一次看到幼儿做某件事,又或许是教师第一次发现幼儿达到了某一发展指标。教师即时记录幼儿的这些行为,有助于对幼儿的发展水平开展客观的即时评价,并有助于提出支持性的策略。因此,观察者需要掌握一些即时记录的技巧。和幼儿在一起时进行即时记录,是一种便捷高效的记录方式。

和幼儿在一起时对其行为进行即时记录,往往能够捕捉到幼儿最真实、自然的言行。这样不仅能在行为发生时或刚发生后记录详细的细节,而且记录也更加开放、富有弹性。这要求教师第一时间抓起便利的工具进行记录,如便笺、笔。许多教师的口袋里装有即时贴、事先做好的观察表以及标签纸和不同颜色的笔等,便于随时取用。当教师正在开展活动但身边没有合适的记录本时,可以借助手边现有的工具、材料进行记录。例如,用蜡笔将观察到的内容记录到废纸、文件袋甚至其他触手可及的物品上,但事后需要迅速进行整理,避免遗忘。

如果时间不允许将观察到的内容全部记录下来,那么可以先撰写一些简短的记录要点作为"记忆唤醒器",以便在后期补充记录遗漏的细节。

知识拓展

观察记录中的"记忆唤醒器"

在即时记录的时候,除了利用手边一切可书面记录的工具外,也可借助相机、手机去抓拍下宝贵的瞬间。通过拍照,可以在整理分析观察记录时更好地帮助观察者回忆起幼儿行为表现的细节;幼儿画的画、写的字等一件件作品(或者把这些作品拍照)也可以成为"记忆唤醒器",教师可以时时回忆起幼儿在创作作品时的所作所为、所言所想。

2. 和幼儿在一起时即时记录的特点

教师和幼儿在一起时进行即时记录,其特点是:观察记录方式简便;不严格讲求格式;比较适合日常操作;能在较大程度上保证观察记录的准确性和客观性。但是也往往受到实际工作环境的影响,需依据工作的实际情况决定是否能够进行即时记录。

(二)事务结束后尽快记录

1. 事务结束后尽快记录的方法

保教人员往往日常事务琐碎繁多。例如,当幼儿在做某件需要被记录的事情时,教师正忙于幼儿餐后的清洁整理工作,无法抽身出来立刻将幼儿当下的行为表现记录下来。这就需要教师在兼顾手边工作的同时尽可能地观察到幼儿行为表现的各种细节,然后在工作结束后立刻对幼儿的行为进行记录。

2. 事务结束后尽快记录的特点

事务结束后进行观察记录的优缺点比较明显。这种方式的优点是:教师在不影响各项工作正常进行的前提下仍能有效地对幼儿观察记录;不受条件限制;适合教师的日常操作。但这一记录方式也存在显而易见的缺点:一是事后记录可能存在遗忘重要细节的情况。教师等待记录的时间越长,忘记幼儿一些行为表现细节的可能性越大。二是很难将观察到的幼儿言语对话完整记录下来。观察结束后的记录几乎不可能将幼儿间对话的言语逐字回忆出来。这就要求在观察时尽量记忆幼儿的说话要点,最大可能地包含幼儿的一些直接言语。三是对于保证观察记录的客观描述存在难度。幼儿的行为动作过去的时间越久,遗漏的信息越多,教师就越有可能使用解释性的语言,掺杂主观猜测与想象,进而影响观察记录的客观性。

(三)从活动中抽身出来记录

1. 从活动中抽身出来记录的方法

幼儿教师根据情况从活动中抽身出来进行记录是一种有效的观察记录方式。这就需要教师与同事协调沟通好,决定谁从日常活动中抽身出来,什么时间进行观察,谁来主要负责班级活动的组织开展等。例如,在进行户外体育游戏时,一名教师负责组织幼儿开展游戏活动,使每名幼儿都正常参与到游戏中。另一名教师则在幼儿游戏活动区域附近,观察记录活动开展时幼儿的行为表现。当然,当幼儿需要帮助或活动中发生其他情况时,教师要暂停观察记录,参与到活动中,为幼儿提供必要的支持与帮助。另一种情况是当所有幼儿都投入活动中去,并没有一名幼儿需要帮助或有其他特殊情况时,教师正好可以利用这片刻时间坐下来观察记录幼儿行为。例如,在进行区域活动时,幼儿各自沉浸在自选的区角游戏中,不需要教师的干预和支持,教师便可专注进行自己的观察并进行详细记录。当然,在幼儿需要时,教师应时刻做好准备回到幼儿的活动中。从小班到大班,随着幼儿年龄的增长和独立性的增强,教师会有越来越多的时间从活动中抽身出来进行观察记录。

2. 从活动中抽身出来记录的特点

从活动中抽身出来记录的方式其优点是:教师能够利用这段时间完成一份详细的观察记录;能够持续观察某个幼儿的活动及其持续投入活动的时间;可以一次观察数名幼儿。当然,这种从活动中抽身出来的观察方式也存在一定的不足:一是需要和同事提前就观察记录工作协调好任务分工;二是在记录过程中,在幼儿需要支持与帮助时,教师可能不够及时为幼儿提供帮助;三是如果从活动中抽身出来观察记录的时间过长,会影响到和幼儿的正常交流与互动。

(四)进行活动反思时记录

1. 进行活动反思时记录的方法

教师在进行活动反思时撰写观察记录可以有效保障记录时间。在工作结束后的时间,如幼儿午睡时、离园后、早上入园前,自己晚上在家时甚至周末休息日等,一个人坐下来反思活动中所观察到的幼儿行为表现,可以保证记录的时间。

在反思中教师可以最大限度地利用相关线索去回忆幼儿的行为表现。例如,教师日常拍的幼儿活动照片、零碎的轶事记录、幼儿的作品或者和同事的交谈讨论。特别是与同事一起的交流讨论容易唤起每个人对于事件的记忆。建议教师想办法花费几分钟的时间,针对自己在观察中看到了什么和哪些内容应该被记录下来与其他的带班教师进行交流讨论。交流可以是简短的,但这项工作是十分有价值的。例如,教师可以在幼儿离园后的时间里,花费五分钟和同事一起讨论自己观察时想记录的内容。

下面就是一段花费五分钟形成的观察记录,参与交流讨论的是大班的林林老师和婷婷老师。

林林老师发现今天班里的幼儿午休时入睡较快,这是以往很少发生的情况。林林老师决定利用这个时间去和婷婷老师交流几分钟,一同对前几天做的观察记录进行反思。她们拿着各自的观察记录坐下来。林林老师问:"今天发生了什么值得记录的事?"婷婷老师说:"东东入园时主动和新来的保健老师打招呼,而且是没有在老师或家长的提醒下。以前的东东虽然也会打招呼,但是只和熟悉的人打招呼,对不认识的同伴和老师不会打招呼。"林林老师也觉得这是关于东东的一个很重要的发现。于是,婷婷老师简短地记录下东东入园时的表现和她们持续观察东东的计划,并把观察重点放在东东社会性发展的能力和水平上。林林老师说:"我发现妞妞今天玩秋千的时候,双脚直立站在木板上,双手紧紧地握住两根绳子,上身紧张直立,膝盖微微弯曲,脸上有笑容,身体随着秋千小幅晃动。我第一次发现她用这样的方式玩秋千,我想把这个记录下来。"正说着,一名幼儿从床上坐起来,林林老师和婷婷老师便结束了讨论。

类似这样的讨论可以安排在固定时间内,如共同制订下周的教育计划之前。教师可以先回忆这周发生了哪些令人难忘的事件,将班级所有的幼儿姓名罗列出来,保证不会遗漏任何一名幼儿。同时可以将《指南》《幼儿园教育指导纲要(试行)》(以下简称《纲要》)等相关资料放于手边,以《纲要》和《指南》作为幼儿行为解读的首选参照,根据观察目的和观察到的信息在书中查找相关目标,对观察到的内容进行评价与分析。

2. 进行活动反思时记录的特点

在反思时进行记录的优点是:这种记录方式能够与幼儿鲜活充实的一日生活紧密融合;能够使教师在回顾幼儿的发展表现时产生更为整体的印象;教师通过对一日之中,甚至一周之中发生的所有事情进行反思,可以将幼儿的行为表现放在整体连贯的背景下;记录面对某项任务时幼儿的行为表现并和当下幼儿的表现进行比较,可以清楚地了解到幼儿获得的进步有哪些。但是在反思时进行记录也有缺点:教师在忙碌完后,甚至等到周末去记录时,回忆起整个事件的难度会加大许多;想要准确地回忆起事件细节也是十分困难的,观察记录的客观性会大打折扣。因此,这就要求教师运用好各种线索及"记忆唤醒器",能够唤起的各种记忆线索越多,这一类型的观察记录效果也就越明显。

《指南》提供了五大领域中幼儿各年龄层次的典型表现作为评估幼儿发展水平的框架,应将其作为实施幼儿行为观察的目标参考,或将这些典型表现作为分析幼儿行为观察记录的依据。但需注意的是,年龄目标只是评估幼儿发展的依据之一。切忌把幼儿的年龄目标作为衡量幼儿发展的标尺,以致轻易地做出幼儿的发展"超前""一般""迟缓"的结论。《指南》为教师评价幼儿指明了方向,教师应为幼儿发展提供适应性的策略,而非机械地套用,为了评价而评价。幼儿与幼儿之间是存在个体差异的,教师通过观察对幼儿进行分析、评价时要正视和尊重这种差异,不用统一的标准衡量幼儿。此外,还应考虑幼儿的个体差异背后可能的遗传、生理、心理、社会等主客观因素的影响,以便更全面地认识幼儿。因此,教师应以幼儿发展常模作为参照,并尊重幼儿的个体差异。

二、记录的工具

在抓住观察记录时间的同时,更要巧妙使用合适的记录工具,以达到事半功倍的效果。在做观察记录时,除了最重要的纸和笔以外,可以运用许多不同的记录材料和表格以及技术手段去记录,这里介绍三种简便的记录工具,具体如表 2-2-1 所示。

表 2-2-1　常见可利用的记录工具

种类	图示
索引卡	
便利贴	
活页纸	

便利贴和索引卡方便携带,可随身放于口袋中,索引卡和活页纸可以打孔,以便在观察记录完成后将其放进幼儿的成长档案中。

活页纸可以置于活动室任何方便取放的位置,在需要时随时取用。有些教师习惯提前将活页纸分成几个部分,提前在纸张上画好记录表格,以下几种记录表格供参考。

领域观察记录表展示的是幼儿在健康、语言、社会、科学、艺术五个需要被关注的领域里的发展情况(见表 2-2-2)。简易观察记录表则没有注明具体领域,供教师依据个人观察目标自由填写记录幼儿行为(见表 2-2-3)。

表 2-2-2　领域观察记录表

姓名：	日期：
语言	社会
艺术	科学
健康	

表 2-2-3　简易观察记录表

姓名：	时间：

　　装有活页纸的活页夹可以夹上班级花名册或是写有幼儿姓名的快速核检记录表(见表 2-2-4)。当教师面对一群幼儿时,用该表做观察记录简易快捷。教师可以快速地记下数名幼儿的行为表现,同时不影响指导和与幼儿的互动,适用于做极简的观察记录。例如,教师观察幼儿大肌肉动作的发展情况时就可以采用。然而,对于一些观察内容来说,在快速核检表上记录并不合适,如观察记录幼儿社会性发展、情绪等。学会在快速核检记录表中做标记也是一种高效的记录方式。教师可以自行决定在记录表里做什么样的标记,像"√"或者"是"等。只要能够保证记录清楚准确、方便日后分析整理时一目了然即可,如观察幼儿的倾听行为(表 2-2-5)。这种快速记录的方式对于教师而言是十分有帮助的,使其能够分配更多的时间精力在需要进行描述性分析的幼儿身上,同时可以通过快速

核检记录表了解班级多数幼儿的发展水平和状况,从而有针对性地进行教育支持。

表 2-2-4 快速核检记录表

姓名	日期	日期	日期	日期
	行为	行为	行为	行为

表 2-2-5 幼儿倾听行为快速核检记录表

日期(时间)	姓名	行为			
		别人说话时眼睛看别处	做小动作	插嘴	其他
10.09 (10:00)	妞妞	√			
	东东		√		
	大俊	√	√		
	小宇		√		
	冰冰				

简记记录表(表 2-2-6)能够记下全体幼儿的姓名以及更多详细的信息。比如教师在给幼儿讲故事时,教师可能需要记录下每一名对所讲故事进行提问或发表评论的幼儿的名字。再比如要观察记录幼儿在积木区使用不同大小单元积木进行建构的情况,那么教师就能从容地在记录表上写下每一名幼儿的搭建情况及创意。

表 2-2-6 简记记录表

姓名	日期和活动

当教师带领幼儿围绕某个目标开展某项活动时,小组活动记录表可以同时记录数名幼儿具体的行为表现(表 2-2-7)。

表 2-2-7　小组活动记录表

日期：　　　　　　　　　　活动： 目标：		
姓名：	姓名：	姓名：
姓名：	姓名：	姓名：
姓名：	姓名：	姓名：
姓名：	姓名：	姓名：
姓名：	姓名：	姓名：
姓名：	姓名：	姓名：

知识拓展

便利贴或索引卡妙用:

1. 打开记录本或活页纸(平整纸面)。

2. 将便利贴从下往上一张压一张地贴,保证每一张能够自由翻开的同时露出底部下沿(索引卡也按照同样方式粘贴)。

3. 在每张便利贴底部露出的部分写上幼儿名字,每张只对应一名幼儿。

4. 在写着幼儿名字的便利贴或索引卡上写下该幼儿的观察记录,当一张写满时,教师可以将其换下,及时补充新的便利贴或索引卡。

当然,除了进行传统的纸笔记录,越来越多的教师能够熟练运用一些现代化技术手段进行记录。其中视频和音频是记录幼儿行为和语言的两种最常见的方式,它们具有即时记录的功能,能够一次性记录大量的信息,如果运用得当,它们算得上是非常好用的观察记录工具。比如,用手机、摄像机等多媒体设备来拍摄照片、录制音频和视频,再通过微信、QQ、电子邮件等将这些观察记录发送给幼儿家长。

现代化技术既直接又非常容易使用,对于记录者来说太有吸引力了。利用它们做记录要格外注意两点:一是有时候会把教师的注意力从师幼互动上引开,而师幼互动恰恰是早期教育工作最值得关注的方面;二是教师必须能够对所录下的视频和音频信息进行反思和回顾,筛选确定其中哪些信息是有价值的,以及如何最有效地利用这些信息。因此,教师在运用这些现代化技术手段时,必须把反思、回顾和后续计划的时间也纳入其中。

任务三 了解观察记录撰写的误区

案例导入

一天在活动室里,幼儿们正在听着音乐拍手、做律动。这时天天突然从后面冲了过来,一把抱住了依依。依依顿时神情慌张,不知道发生了什么事,于是害怕得叫了起来:"老师,你看天天呀!"她边喊着边使劲地挣脱。这时天天听见依依向教师告状,手便抓得更紧了,而且还用力亲了依依一下,然后用力推开依依,赶快跑回自己的座位。

这样简短的一段记录,再现了当时的情境与幼儿行为,使看记录的人清楚地了解到当时真实具体的情境。我们要想科学客观地进行观察记录,就要注意避免观察记录中的一些常见误区。

任务要求

1. 了解观察记录撰写的常见误区。
2. 避免记录走入误区,学会运用正确的记录方法。

一、观察记录内容多涉及幼儿偏差行为

教师在观察时往往容易聚焦于幼儿的偏差行为,总是倾向于找幼儿的问题和不足,对于积极正面的行为表现关注度不够。甚至有些教师带着偏见,撰写的观察记录常常开头的几句话便带有明显的消极态度倾向。

案例链接

大俊是我们班上一名特别爱回答问题的幼儿。每次活动时,他都能积极回答问题。有时还一边举手一边抢着说:"老师,我来说。"甚至不等别人说完就抢着发表自己的意见。今天的语言活动中又出现了这样的情况:当一个幼儿的发言还没有完,大俊就高高举起了手,大声地说道:"老师,我来,我来……"导致其他同伴无法听清楚这名幼儿的回答,从而造成课堂纪律混乱。

任何幼儿都是一个独立的、完整的个体,有其独特的发展轨迹,教师不要戴着主观或充满偏见的"眼镜"去观察幼儿,应关注的是此时此刻面前的幼儿的行为是怎样的,需要详细记录下幼儿说了什么、做了什么,而不是"贴标签"。教师要在观察中不断发现每一名幼儿身上的闪光点,一方面挖掘幼儿个性化的优势和学习品质,另一方面不要轻易地在幼儿之间进行横向比较,而是要关注幼儿的纵向发展,发现幼儿在学习与发展过程中的进步,挖掘幼儿行为背后闪亮的、积极的方面以及反映出的发展需要。

二、观察记录文本有待充实

(一)效果评价分析缺乏有效性

观察记录文本的效果分析有别于观察分析。观察分析是针对记录内容作出的解释,以便进一步提出改进教学或提高幼儿发展能力的措施,为幼儿提供教育支持。效果分析,则是主要用来诊断措施的落实情况,即对于记录文本中幼儿出现的问题采取一定措施后做的后续分析。许多教师在撰写这部分时往往泛泛而谈,采用过于简单、空洞的套话完成。例如,"措施得当、效果显著""增强幼儿的自信心,培养幼儿对科学活动的兴趣""加强观察和教育"等。这类效果评价过于形式化,用教育观念去代替具体的教育行为措施和评价,实际上是没有多大意义的。有价值的效果分析评价应该是对幼儿采取教育措施后,揭示幼儿是否有所进步,又有哪些方面的变化,探寻这些变化背后的原因是什么,从而为后续教育提供切实的改进建议。因此,教师有必要重新解读效果分析的实质,使效果评价分析更加具体可行,具有实际意义。

(二)缺少后续配套观察计划

观察法强调关注个体行为和环境各因素之间的关系,有目的地对现实生活中自然发生的事件进行长期研究,把儿童作为一个真正的个体进行评估①。可见,事物是不断发展的,发展是连续的过程,观察不应该是一次完成的,而是需要不断连续地进行,以便全面了解幼儿。但是,对于许多教师而言,观察记录缺乏递进性。例如,一次观察中记录了一名幼儿经常不主动收拾自己的用具,随后教师便实施了相应的教育策略;在第二次观察时,教师就把注意力放在实施的教育策略是否起作用、该幼儿是否已经学会了自己收拾用具上。看到预期目标已经达到,观察活动也就终止了。这种停留在原有目标层次的观察很难使观察活动层层递进,深入进行。往往在"效果分析"结束后,本次观察记录也宣告终止,不再对幼儿行为做后续观察。教师应该做的是根据对观察记录的效果分析确定幼儿行为是否有所变化或改善,如果有则可以不进行后续设计,如果没有可以做以下几方面的思考以确定后续观察的思路:幼儿为什么没有变化?是教育方法不适当还是分析有误?同时,预设接下来进行观察的时间地点。

教师对于观察中发现的问题继续深入了解,不仅使幼儿的学习、活动过程清晰地再现出来,更重要的是能避免用同样的眼光看待不同幼儿的言行,避免因缺乏后续观察而导致对幼儿观察出现断层,出现分析不全面、教育实施不到位现象。因此,教师十分有必要做好后续的观察设计,以提高观察的连续性。

三、观察记录主观评断性强

观察记录是对幼儿行为的客观描述,因此在撰写时需要观察者使用最为客观的文字语言完整地对现场进行还原,为了保证观察记录的真实有效,切忌出现太多观察者主观臆断的语言、解释性语言

---

① 虞永平,张惠娟. 幼儿园课程评价[M]. 南京:江苏教育出版社,2005.

或者描述性不强的语言,这样才能根据观察记录描述展开进一步的研究与分析。主观记录即带有观察者感情或者一些分析评论性质语言的记录。

案例链接

区域活动开始前一天下午,我向幼儿介绍了建构区的单元积木。本次区域活动开始以后,建构区的6名幼儿快速跑到了阳台上。我事先已经和幼儿共同设定了本次建构活动的主题——幼儿园的大门。小A很开心地去阳台上取材料,他一开始取的材料都是尺寸最大的或者是比较大的,我觉得他一定是想按照体积从大到小的规律进行搭建。活动刚开始的时候,小A很专注,在搭建大门的过程中用了很长时间,我感觉他做得非常好。约10分钟后,小A完成了一座"小型"幼儿园大门,兴奋地跳了起来,连忙邀请我来参观。我觉得他的作品很漂亮,而且具备了一座大门的特征,他肯定很喜欢今天的活动。此时我提醒道:"幼儿园大门外面还有很多绿化带和隔离墩,你们5个人为什么不组合成一队,一起去完成呢?"在此之后,小A兴高采烈地加入了其他4名幼儿的建构游戏,遗憾的是作品完成到一半时,区域活动结束了,因此并没有呈现出完整的大门及门前景色全貌。

在以上案例中,教师在观察幼儿建构区角游戏时,所撰写的记录中就出现了过多的主观评断性语言,如"我感觉""我觉得""他做得非常好""他肯定很喜欢"等。记录时应尽量使用事实性的文字,而非评断性的文字。具体主客观用语的规范可以参考表2-3-1的内容。

需要注意的是,虽然提倡在撰写观察记录时使用客观的语言,但是受观察现场的时间空间影响,即使采用速记的方式也无法将被观察者的所有行为细节都记录下来,而主观性可以帮助观察者筛选重要信息,这在观察记录中是无法避免的。虽然主观与客观的界限很难界定,但仍然可以通过多次的观察记录,去适应客观的记录方法。

表2-3-1 主客观用语参照表①

避免使用	请使用
该幼儿爱	他经常选择
该幼儿喜欢	我看到过他
该幼儿喜爱	我听到他说
他在……上花了很多时间	他花了5分钟做
似乎	他说
看上去,显得	他几乎每天……
我认为	每月有一两次
我觉得	每次
我想	他持续地
他做……做得非常好	我们观察到一种模式
他不擅长于	
对……是很困难的	

---

① [美]盖伊·格朗兰德,玛琳·詹姆斯. 聚焦式观察:儿童观察、评价与课程设计[M]. 梁慧娟,译. 北京:教育科学出版社,2017.

四、观察记录语言过于随意

在观察记录书写中,有时会出现语言过于随意甚至前后矛盾的情况。这反映出一部分教师在书写观察记录时仍然没有掌握好规范用语和语言逻辑关系。

比如在一篇观察记录中,教师这样写道:小明平时很喜欢动脑筋帮助同伴,在同伴或者自己遇到困难时总会找教师帮忙解决。在这段描述中,既然小明很喜欢动脑筋,那么按照正常的语言逻辑推断,在遇到困难时小明应该第一时间自己想办法解决,实在解决不了的时候才会去找教师帮忙,但是在描述中使用了"总会找教师"这样的表述方法,显然构成了前后矛盾。再比如,有的教师在观察记录中写道:乐乐的动作十分合适。这就是很明显的选词使用不规范。

因此,作为一名保教人员,同时也是幼儿行为的观察者,需要把功夫下在平时,提升自身的语言文字功底,这样在现场进行速记或者事后追忆描述的时候,才能够避免出现语言过于随意的现象。

◼ 模块小结 ◼

> 本模块详细介绍了做好观察记录的要领、保障撰写观察记录时间的方法以及观察记录撰写的误区。为了保障观察记录的质量,教师应当在撰写观察记录前,确定适宜的观察主题,根据主题的选择,选取与之匹配的观察记录方法,在这里要注意区分连续记录法与表格符号记录法的不同适用情况,并及时做好观察记录的反馈与分析。为了有效记录幼儿的行为,教师需要大胆尝试一些不同的记录方式,要成功地找到最适合自己的记录方式,还需要在工作中不断地实验与反思,学会利用碎片化的时间、便捷的工具随时开展记录。

◼ 思考与练习 ◼

一、选择题

(一) 单选题

1. 下列哪一种观察记录方法属于连续记录法?(　　)

　　A. 符号记录法　　　　B. 表格记录法　　　　C. 轶事记录法　　　　D. 频数记录法

2. 下列哪一种记录方法不属于质性观察记录方法?(　　)

　　A. 符号记录法　　　　B. 轶事记录法　　　　C. 实况详录法　　　　D. 日记法

3. 下列哪一项不属于表格符号记录法的优点?(　　)

　　A. 客观性强

　　B. 能够记录多个被观察者或多种行为

　　C. 对事件的记录是连续的,便于展开分析

　　D. 方便快捷,基本不会产生遗漏信息的情况

4. 下列哪一项在观察记录中属于主观评断性语言?(　　)

　　A. 我认为　　　　　　　　　　　　　　B. 他花了五分钟做……

C. 我听到他说　　　　　　　　　　　　D. 我们观察到一种模式

5. 如果想观察乐乐小朋友的就餐习惯,以下哪一种观察记录方法最合适?(　　)

　　A. 等级评定法　　　　B. 符号记录法　　　　C. 实况详录法　　　　D. 频数记录法

(二) 多选题

1. 教师可以选取什么时间进行记录?(　　)

　　A. 和幼儿在一起时记录　　　　　　　B. 事务结束后记录

　　C. 从活动中抽身出来记录　　　　　　D. 反思时记录

　　E. 幼儿需要帮助时记录

2. 常见的记录工具有哪些?(　　)

　　A. 索引卡　　　　　　　　　　　　　B. 便利贴

　　C. 活页纸(夹)　　　　　　　　　　　D. 手机

　　E. 摄录机

3. 观察记录的意义有哪些?(　　)

　　A. 对幼儿进行评价的依据　　　　　　B. 提升教师的专业素养

　　C. 有利于家园沟通　　　　　　　　　D. 幼儿成长的忠实记录

　　E. 有利于幼儿园课程的优化调整

二、判断题

1. 教师在观察时应主要聚焦在幼儿的问题行为上。　　　　　　　　　　　　　(　　)

2. 观察的预期目标达到后,对幼儿的观察也随之停止了。　　　　　　　　　　(　　)

3. 观察记录中的效果分析应有改进教学或提高幼儿发展能力的措施。　　　　(　　)

4. 观察记录只需要观察幼儿的问题行为即可。　　　　　　　　　　　　　　　(　　)

5. 使用连续记录法进行观察记录时,观察者应该做到速记。　　　　　　　　　(　　)

三、实训题——观察案例设计练习

　　张老师打算对"我会穿衣服"这一生活课程的目标达成情况进行一次观察记录,请你帮她选择一种合适的观察记录方法,并阐明选择这种观察记录方法的理由。

聚焦考证

一、单选题

1. 幼儿常把没有发生或期望的事情当作真实的事情,这说明幼儿(　　)。[①]

　　A. 好奇心强　　　　B. 说谎　　　　C. 移情　　　　D. 想象与现实混淆

2. 有的幼儿擅长绘画,有的善于动手制作,还有的很会讲故事,这体现的是幼儿(　　)。[②]

　　A. 能力发展速度的差异　　　　　　　B. 能力水平的差异

　　C. 能力发展早晚的差异　　　　　　　D. 能力类型的差异

---

① 2012 年下半年幼儿园教师资格考试《保教知识与能力》试题。

② 2012 年下半年幼儿园教师资格考试《保教知识与能力》试题。

3. 某教师针对不同发展水平的幼儿提供了不同难度的操作材料,这遵循了(　　)。①

    A. 活动性原则　　　　B. 直观性原则　　　　C. 整体性原则　　　　D. 因材施教原则

二、案例分析

    李老师发现大班"理发店"的顾客很少,且"顾客"对理发店不感兴趣。于是李老师带幼儿到理发店参观,看理发店的设施,鼓励幼儿向理发师咨询,并记录幼儿的问题,还拍下照片。幼儿在理发店看到顾客躺着洗头,梳理发型。回到幼儿园,李老师组织幼儿讨论"如何开好理发店",并通过照片回顾"理发店"活动,有的幼儿反映没有躺椅,有的反映没有发型梳,李老师则启发幼儿自己用积木做躺椅,自己画发型。之后,"理发店"生意红火了起来。

    请分析案例中教师采用了哪些策略来支持幼儿的游戏活动。②

---

① 2013 年上半年幼儿园教师资格考试《保教知识与能力》试题。
② 2012 年下半年幼儿园教师资格考试《保教知识与能力》试题。

模块三

运用描述法开展幼儿行为观察与引导

模块导读

　　描述法是一种重要的观察方法,在幼儿园的日常保教工作中最为常用。本模块详细介绍了三种重要的描述观察方法,分别是日记法、轶事记录法、叙述性描述法。在学习过程中,要能够系统掌握这三种描述法的概念内涵及使用方法,并能通过这三种方法的综合运用有效引导幼儿获得进一步发展。

学习目标

1. 掌握日记法、轶事记录法、叙述性描述法的含义、使用特点、优缺点。
2. 能够有效运用日记法、轶事记录法、叙述性描述法观察并引导幼儿在园行为。

内容结构

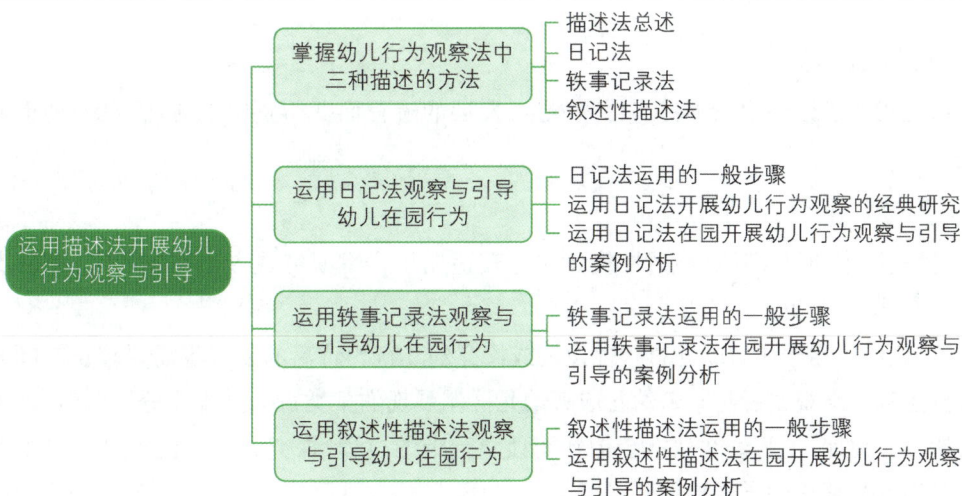

任务一 掌握幼儿行为观察法中三种描述的方法

案例导入

　　早晨入园后,小涵一个人独自坐在娃娃家的小床上,左手抱着小熊,右手拿着勺子给小熊一口一口地喂药,一边喂一边嘴里还轻轻地说着:"宝宝乖,这个药不苦的,喝了你就好了,肚子就不会痛了。"这时候远远从隔壁建构区站起来,凑近小涵,说:"我才不怕喝药,我都不会哭。"小涵没理他,远远又从建构区走出来进到娃娃家,蹲在小涵边上问:"你的宝宝怎么了? 是肚子痛,对吧?"小涵点点头说:"他吃了很多冰激凌,肚子痛。"远远说:"妈妈说小孩不能吃冰激凌,会长虫子的。"小涵也认真地点点头说:"嗯,我也不吃的,小孩不能乱吃的。"

　　上述案例中,保教人员就是采用"描述法"对幼儿的行为和语言进行详细记录的。可以发现,描述法记录的资料常以原始未经加工的形态来呈现。这种记录资料可以清楚地了解幼儿行为发生的前因后果,并且可以长时间保留下来,用于后续研究幼儿发展状况的变化。

任务要求

　　1. 掌握描述法的含义、使用特点与分类。
　　2. 掌握日记法的含义、使用特点与优缺点。
　　3. 掌握轶事记录法的含义、使用特点与优缺点。
　　4. 掌握叙述性描述法的含义、使用特点与优缺点。

一、描述法总述

（一）描述法的含义

　　描述法是指通过详细记录事件或行为发生、发展的过程而获得资料的方法,是一种重要的质性观察方法。

（二）描述法的使用特点

　　首先,描述法中的日记法和叙述性描述法比较适用于个案研究或者小样本研究,而轶事记录法既可观察一个幼儿,也可面向全班幼儿。

　　其次,描述法适用于了解幼儿过程性发展或探究幼儿行为背后的原因等需要较长时间才能找到答案的观察主题。当观察者对某名幼儿或者幼儿群体展现的某类行为并不十分了解时,就可运用描述法进行探究。比如,了解幼儿从不会走到能独立行走的过程;探究幼儿在已经具备自主如厕能力的情况下又出现频繁尿裤子现象的原因等。

（三）描述法的分类

　　抽样法有非正式的、非结构性的观察方法——日记法和轶事记录法,也有正式的、结构性的观察方法——叙述性描述法(图3-1-1)。整体上,这三种方法都将关注点聚焦在幼儿行为发展的过程上。观察者需要具体、完整、客观地记录幼儿行为发生的前因后果,详细地描述细节。

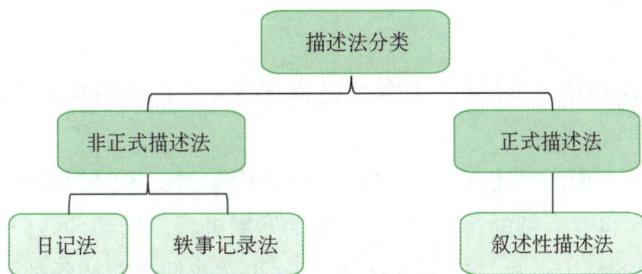

图 3-1-1　描述法分类示意图

二、日记法

（一）日记法的含义

日记法是一种非正式的观察方法。顾名思义,日记法就是像写日记一样,通过对观察对象长期的跟踪观察,按照顺序记录观察对象表现出来的新行为。例如,记录婴儿第一次出现的翻身、坐立、牙牙学语等。这些新行为对于婴幼儿来说,都意味着一次重大的进步和发展,记录这些发展进步也是日记法的主要目的。

知识拓展

陈鹤琴运用日记法进行的观察记录

第 38 个星期,第 260 天,他近来喜欢上下跳跃,他能独自坐了。

第 46 个星期,要匍匐了。到了生后 10 月底他就不做上下跳跃的动作,他喜欢爬了。

第 49 个星期,身体的发展:①他能受人提着行走;②他能从仰天而睡的姿势翻到背天的姿势;③他能扶着东西站起来……⑤他能匍匐自在。

第 57 个星期,发展:①爬的动作减少了;②独自要走了;③扶着东西(如椅、桌等)能站起来;④他知识增进了些;⑤喜欢与人游戏;⑥语言上没有什么增进,还是只能发出各种的异样声音;⑦不怕生疏的人,不过不愿意亲近他们;⑧喜欢用手触人的颈项作痒取乐。

——摘自《陈鹤琴全集》

（二）日记法的使用特点

在使用日记法时要注意以下六点:

（1）观察者必须与婴幼儿有长时间、连续性的接触。如果不是事先熟悉的婴幼儿,要相处一段时间,等熟悉后再进行记录。

（2）因为观察者与观察对象关系亲密,所以在记录时要保持客观性,不要偏移评价标准。

（3）在婴幼儿自然的生活情境中观察记录其发展与成长,记录必须完整呈现行为发生时的现场情形,保证资料的完整性。

（4）在运用日记法时,要辨别哪些是幼儿真正的新行为。比如,幼儿三个月时会发出"ba ba"的声音,是会叫爸爸了还是发出的喉音。

（5）在记录时不要太琐碎,要将真正能反映幼儿发展情况的行为记录下来。

（6）观察后马上记录,保证资料的真实性。

（三）日记法的优缺点

1. 日记法的优点

（1）翔实性是日记法的第一个优点。翔实性是指观察记录的资料详细丰富，能完整呈现行为发生时的现场情形。

（2）广度性是日记法的第二个优点。广度性是指日记法的记录时间跨度可以很长，既有观察对象行为发生当时的情况，也有后续的行为，显示了整个发展进程。例如，通过日记法可以知道幼儿从不会站立到能独立行走的整个过程。如果没有日记法，虽然我们也能从各种资料里知道幼儿能独立行走的平均年龄，但却无法知晓这一具体的行动过程。

（3）永久性是日记法的第三个优点。永久性是指所观察记录的内容不仅在当前可用，还能与被观察幼儿日后的情况或者其他观察资料，如与幼儿发展的常模进行比较，这种比较可以客观地反映该幼儿的发展情况。

（4）个别性是日记法的第四个优点。个别性是指观察样本的特殊性。日记法主要运用在个案研究当中，要么是家长记录自家幼儿的成长发展，要么是观察者长期跟踪观察一些特殊幼儿，这些特殊幼儿通常是不能直接或轻易地与人沟通的，因此观察者需要详细地记录大量资料，用以分析、理解这类幼儿。

2. 日记法的缺点

日记法在使用过程中也有明显的不足，观察者要结合自己的观察目的进行反思。

（1）观察者人选受限制。日记法需要观察者较长时间地对观察对象进行观察和记录，双方之间通常要保持亲密的关系，相处时间长达数周、数月，甚至数年，最好是能生活在一起。这种观察方法本身就限制了观察者的人选，观察者通常是幼儿最亲近的人，如家长或亲友。前面介绍过的一些早期著名的运用日记法进行研究的案例中，其观察者都是幼儿的家长，因此对于幼儿园的保育老师来说，一方面他们面对一整个班级的幼儿，无法做到一对一的密切联系，另一方面繁重的工作任务使得他们无法长时间一对一地进行跟踪观察记录。

（2）观察者的评价可能存在偏移的情况。由于观察者与观察对象的关系比较亲密，在分析时难免出现高估或偏移幼儿行为的情况。

（3）结论缺乏普遍性。日记法要求长时间跟踪观察，耗时耗力，导致无法大批量观察，样本数量少，因此得出来的幼儿发展结论缺乏代表性，失去了推断的意义。

由于日记法的这三个缺点，决定了日记法不可能被大多数观察者所使用，再加上一些新的观察方法被运用，日记法就成了较少运用的方法。但是作为个案研究的方法，日记法仍然是儿童心理学家和儿童教育工作者使用的重要方法之一。

三、轶事记录法

（一）轶事记录法的含义

轶事记录法是一种非正式的观察方法，是观察者将自己感兴趣并且认为有价值的、有意义的幼儿行为和事件用叙述性语言记录下来。轶事记录法是观察记录法中最容易使用的一种方法。因为它不受时间或情境的限制，不需要事先设计好观察表格，只需要在观察后记录下来，容易上手实操，广受幼儿园保教人员的喜欢。

（二）轶事记录法的使用特点

古德温和德里斯科尔（Goodwin & Driscoll, 1980）列举了轶事记录法的五个特征：①直接观察，而非道听途说；②记录时要做到即时、准确和具体；③完整记录幼儿发生事件的前因后果，还原真实情境，这里强调事件的完整性，要符合五"W"要素（表3-1-1）；④观察者的推论或评价要与真实情境的客观描述区分开来,并标注清楚哪句话是推论;⑤可以记录任何感兴趣的事件或行为,不局限于新行为。

表3-1-1　运用五"W"要素的轶事记录表示例

项目	谁(who)	何时(when)	何地(where)	和谁(whom)	过程(what)
示例一	冬冬	晨间入园	娃娃家	小美	……
示例二	丁丁	午餐结束后	图书区	小易	……

五"W"要素说明如下:

谁(who):观察对象的基本信息——姓名、年龄、性别、家庭背景等。

何时(when):观察时间——日期、具体时间点。

何地(where):观察情境——室内还是室外,哪个区域,环境描述。

和谁(whom):独自一人还是和谁一起。

过程(what):观察内容的说明——动作、表情、姿势、说什么话等。

轶事记录最适合记录非典型行为而不是典型行为。典型行为是指在一类行为中具有明显特征的、不可或缺的、具有代表性的关键行为,典型行为在一定程度上能够体现个体发展水平,非典型行为则与之相反,是出现在一个人身上的特殊行为表现。比如,有个小班幼儿叮当很挑食,每天吃饭都很慢,是班级里吃饭速度倒数的几人之一,到最后需要喂饭才能吃完。叮当吃饭慢、爱挑食在保育老师眼中就是典型行为,保育老师不会特地去记录她每天吃饭慢的表现,但是突然有一天她自己独自一个人快速吃完了饭,这对于保育老师来说就是出乎意料的非典型行为,会引起保育老师去观察记录的兴趣。所以一件事、一个行为属于典型还是非典型,重点不在事情或行为本身,而在于发生在谁身上。

尽管轶事记录法容易上手实操,但是要写好轶事记录并不容易。在进行轶事记录时观察者容易出现以下问题:

(1)观察者容易掺杂个人偏见,影响选择哪些事件进行记录。观察者容易受自身教育观念影响,主观性地判断发生在班级中的事件是否值得记录。

(2)记录时由于只是简短的事件片段,记录者容易措辞不当,引起其他阅读者对幼儿行为的理解误差。在日常保教工作中,教师更容易关注和记录幼儿的偏差行为,如果仅根据记录的片段就直接做出推论,容易形成对幼儿行为的负向评价视角。

(3)这种偏见所导致的后果不会立即停止。因为轶事记录的资料会被一点点积累下来,并被永久保留,从一个年级教师的手中转到下一个年级教师的手中,而后面每位教师大多会承接先前的记录,并且倾向于保持以前记录者所做的推论,继续刻板地看待这个幼儿。因此,观察者使用轶事记录法时一定要时刻提醒自己,记录时要保持客观,不要随意下推论,尽量使用中性词汇进行评价。

(三)轶事记录法的优缺点

1. 轶事记录法的优点

在具体使用时,轶事记录法具有明显的优点。主要包括:

(1)观察者无需安排特别情境,随时可用,具有很大的弹性;

(2)所记录的信息资料具有连续性,可以不断重复利用;

(3)轶事记录使用方便,无需绘制观察记录表格,方便新手教师应用;

(4)教师可以稍后方便时记录,兼顾观察者和参与者的角色。

2. 轶事记录法的缺点

尽管轶事记录法在使用中具有明显的优点,但也有明显的缺点。轶事记录法的缺点主要包括:

(1)观察内容的选择容易受到观察者好恶的影响;

(2) 因为可以事后补记,记录的内容可能因为记忆不清存在漏记或偏差;

(3) 因为记录简练,同样的语言文字,记录者和阅读者在理解上可能存在偏差。

四、叙述性描述法

(一)叙述性描述法的含义

叙述性描述法(narrative description)是一种正式的观察方法,也被称为样本记录法、实况记录法或连续性记录法。叙述性描述是指观察者在一段时间内(如一小时或半天,甚至更长时间内)持续不断、客观、详细地记录被观察对象所有行为动作表现的方法。

在三种描述法中,只有叙述性描述法是正式的观察方法。所谓"正式"主要体现在:观察者事先要确定好观察的目的和目标。例如,今天要在什么时间、什么地点、什么情境下观察谁,而日记法和轶事记录法无需事先定下这样的明确目标。

(二)叙述性描述法的使用特点

(1) 叙述性描述法通常是针对个别或少数对象进行记录。

(2) 在观察时可能会出现霍桑效应。所谓霍桑效应就是如果观察对象知道自己在被观察,可能会做出一些顺应观察者想法的行为表现。就像上公开课和日常上课时,班级学生的行为表现会有所不同,上公开课时通常会表现得更加积极。

(3) 叙述性描述法要记录更多的细节。观察时要灵活运用辅助工具,比如用摄像、录音等方式来弥补文字记录上的不足。

(三)叙述性描述法的优缺点

1. 叙述性描述法的优点

(1) 能较完整地记录行为发生的细节;

(2) 记录的资料具有永久性;

(3) 观察记录的资料比较客观。

2. 叙述性描述法的缺点

(1) 对观察者的要求比较高,要具有敏锐的观察力和资料记录、收集的能力;

(2) 资料的整理与分析耗时耗力,不太适用于现场工作的保教人员;

(3) 需要付出大量的时间用于观察记录;

(4) 样本数量少,无法推论出母群状况。

任务二 运用日记法观察与引导幼儿在园行为

案例导入

中班是幼儿友谊形成的重要时期,但在小李老师的班级中有一名有轻微自闭症的幼儿。他进入中班后,社会性能力的发展还比较薄弱,同伴交往能力如同刚进园的小班幼儿,有时候还会对同伴进行身体攻击。这使得同伴纷纷远离他,不愿与之交往。

思考:针对这个现象,小李老师如何根据这名幼儿的特殊性有针对性地提升他的社会交往能力呢?

作为幼儿身边的重要成人,保教人员可以选用日记法对班级中一些特殊幼儿的行为发展进行持续性的系统观察。通过持续记录幼儿展现出的新行为,从正向的视角关注这些特殊幼儿的成长与进步,从而更好地了解每一名幼儿的内心世界,发现更有效的方法引导幼儿的行为。

任务要求

1. 掌握日记法的运用步骤。
2. 掌握运用日记法观察与引导幼儿在园行为的策略。

一、日记法运用的一般步骤

在上一任务中详细介绍了日记法的含义、使用特点以及这种方法的优缺点。在幼儿园中,日记法用得不多,因为需要长时间的跟踪观察,耗时耗力,但是对深入了解一个与同龄人"不太一样"的幼儿却是个重要的观察方法。保教人员如果能运用日记法记录幼儿大量的资料,那么对于了解幼儿的内心是很有帮助的。在幼儿园中常用的日记法有两种类型:主题式日记法和综合式日记法。

(一) 主题式日记法

主题式日记法的使用范围有限定,涉及某一个特定的主题,通常观察记录幼儿发展领域中的某个方面,比如认知、精细动作、情绪等方面。皮亚杰就曾经用主题式日记法记录了其子女的认知发展情况。使用主题式日记法要注意事先想好观察哪方面的行为,只有出现这一特定方面的新行为才进行记录,其他新行为即使出现也不进行记录(表 3-2-1)。

表 3-2-1　主题式日记观察记录表

观察对象:小美	性别:女	班级(年龄):中班(4 岁)	观察时间:在园全天
观察者:小雨老师	观察地点:户外	观察日期:2021.10.15	观察情境:户外体育活动
观察主题	观察内容		
大肌肉发展	能连续单脚跳 4 下,能定向跑 50 米		
小肌肉发展	能够拼搭小积木至 50 厘米高不倒		
语言发展	会使用关联词说出自己的想法		
认知发展	能快速理解教师说的比赛规则,自觉遵守游戏要求		
社会情绪发展	能与同伴友好相处,情绪积极愉快		

(二) 综合式日记法

综合式日记法是对幼儿发展过程中出现的各方面新行为均进行记录。也就是说,只要幼儿有新行为出现,无论哪方面教师都需要进行记录。使用综合式日记法要注意:由于各个方面都需要记录,所以观察者要严格按照行为发生的次序进行记录(表 3-2-2)。

表 3-2-2　综合式日记观察记录表

观察对象:叮当	性别:男	班级(年龄):托班(2 岁 9 个月)
观察者:小玉老师	观察日期:2021.9.1	观察地点:教室

（续表）

观察内容		
入园第一天,叮当对幼儿园的一切都感到很新奇,他喜欢待在建构区玩积木,不哭也不闹,很乖……(入园新鲜感)		
观察者:小玉老师	观察日期:2021.9.8	观察地点:教室
观察内容		
入园一星期了,叮当对幼儿园的环境开始有所观察,他不再那么"好哄"。哭闹的时候,教师带他去建构区玩玩具,他会把玩具都推翻,喊着"要妈妈"……(分离焦虑日益明显)		
观察者:小玉老师	观察日期:2021.9.15	观察地点:教室
观察内容		
入园两个星期了,叮当没有像上星期那么爱发脾气了,虽然有时还是会哭闹,但大多是在饿了或者困了的时候,其他时间不大哭了。建构区有一个同样喜欢玩雪花片的小男孩豆豆,他们会互相打招呼笑笑……(交到了一个新朋友)		

（三）两类日记法的异同与使用步骤

主题式日记法比综合式日记法更有选择性和针对性;综合式日记法能更全面地记录幼儿的发展,为日后的分析比较研究保存更详细的原始资料。两者在具体的使用过程中要视观察者的目的而进行选择,不管使用哪种类型,观察者都要懂得判断出现的这一行为是否为新行为。

日记法操作起来很方便,也没有固定的格式,只需记录幼儿发展进程中的新行为即可。为了让新手教师能理解得更加清晰,可把日记法的观察程序做如下六步分解:

第一步,明确要观察幼儿的目标行为。想一想要观察该幼儿的全部行为还是某些方面的行为。例如,当班级中某个幼儿语言发展较为迟缓,教师重点关注这名幼儿与人交往时语言表达的情况,这属于主题式日记法;当某个幼儿各方面发展都比较迟缓,教师关注这名幼儿发展的各个方面,属于综合式日记法。

第二步,简要描述该幼儿存在的问题。例如,提到某个幼儿语言发展比较迟缓,需要描述语言迟缓情况是否严重,有多严重。

第三步,了解该幼儿的成长背景。如,幼儿的家庭经济条件、家庭成员、家长的教养方式、健康史以及出生和母亲孕期状况等。

第四步,进行观察记录。观察记录主要针对幼儿存在的目标行为表现,记录要完整具体,尽量不要推论。教师可以用一些辅助工具弥补文字描述的不足,如拍照、录音、摄像。

第五步,整理资料,分析原因。如果是观察一个幼儿,可以纵向比较分析这个幼儿这段时间以来的发展变化;如果是观察多个幼儿,可以横向比较这几个幼儿之间的差异。当然因为样本量很少,也都可以横向跟幼儿常模进行比较分析,了解观察对象在同龄人中处于何等发展水平。

第六步,针对原因,解决问题。教师要依据幼儿个体差异制订不同的解决方案,但要牢记的是,幼儿问题行为背后的原因一定是复杂多方面的,不能只对幼儿进行引导。一般来说,幼儿存在的问题,应该从三个主体综合考虑,即教师、幼儿、家长。只有三者齐头并进、协力合作,才能有效引导幼儿的行为。

二、运用日记法开展幼儿行为观察的经典研究

日记法是一个传统的观察研究方法,最早运用这种方法的是瑞士教育家裴斯泰洛齐(J. H.

Pestalozzi）。裴斯泰洛齐用日记法跟踪观察了他的孩子 3 年,在日记中记录了自己孩子生长、发展的情况,并于 1774 年出版了《一个父亲的日记》。随后,达尔文(C. Darwin)撰写了《一个婴儿的传略》,书中描述了他儿子的行为和发展。此后德国心理学家普莱尔(W. Preyer)花了 3 年时间对他的孩子从出生到 3 岁连续进行了日记描述,并在此基础上于 1882 年写成了《幼儿心理》一书。现代幼儿心理学家皮亚杰也用日记法收集观察资料,写成《幼儿心理学》一书。我国最早使用日记法的是教育家陈鹤琴,他对自己的孩子进行跟踪观察,写了详细的观察日记并拍了几百幅照片,在此基础上于 1925 年写成了《儿童心理之研究》一书。一般认为,这种记录幼儿成长和发展的日记法,是研究幼儿的主要方法。

可通过阅读陈鹤琴先生撰写的《儿童心理之研究》一书的片段,来了解日记法的撰写方法及重要意义。

片段一：

第 4 天,吸乳后打噎。

第 58 天,开着嘴微笑。

第 226 天,喜欢在外游玩:他祖母时常抱他下楼到外边玩耍,今天他被抱在祖母怀里,看见楼梯身子便向着楼梯就要下去,他祖母特意转身向房里走,他就哭了;再抱向楼梯他就不哭,后来抱他下楼去,就很开心了。这里可以表示他:①知道方向;②喜欢到外边玩去;③记得从楼梯可以出去;④意志坚强。

第 66 星期,他知道火炉是热的:有一天早上他手触着没生火的冷火炉,就缩手在衣裳上擦着,他的意思是以为火炉是有火的。这里有几点:①他把火炉同"热"联系起来;②小幼儿容易患错觉的毛病;③他以为手上的热是可以擦去的。这种动作他并没有看见人做过,也没人教过他,大概是自然发生的。[①]

这篇不算太长的记录,却有着丰富的内容,可见日记法记录的翔实性。从片段一中可以看出,婴儿出现新行为的日期:第 4 天,第 58 天,第 226 天,第 66 星期。婴儿的认知发展:知道方向,记得从楼梯可以出去,能把火炉同"热"联系起来。婴儿的情绪意志发展:不高兴会哭,顺心了就笑,喜欢外出玩,意志坚定。从片段中,还可以看到婴儿的活动等。

片段二：

第 89 星期

第 614 天(下面的缩写是陈鹤琴 20 分钟内所作的记录)

环境:

① 在 9×18 英尺面积的露台上,他所能自由运动的地方,只有 9×8.5 英尺的面积。

② 有一块长的洗衣板、一把短帚、一个粪箕,靠在墙壁一边的地板上;又有五只鞋子、一把拖帚靠在栏杆上,上边不挂着衣服;另外,板上还有两把牙刷、一根钉子。这些东西,都在 9×8.5 英尺面积里面。

③ 他的三个堂兄、一个朋友、一个带领他的佣人和他的父亲,都坐着不讲话,看他一人的动作。

他的动作(动作事实、所需时间):

① 看其他幼儿手里所捻的照片(25 秒)。

② 玩钟。用右手转钟后面的开钟机关,又玩钟后面转针的机关;拿了两支牙刷去开钟,开不成就用牙刷去刷钟的前面(2 分 55 秒)。

③ 拿了一个刷帚举起来在空中左右挥动(15 秒)。

④ 拿了两把牙刷放在洗衣板上,后来拿回放在地板上,又拿了钉子跑来跑去,又用钉刺地板数次,刺后再刺钟面,后又把牙刷拿到板上(4 分 15 秒)。

---

① 陈鹤琴. 儿童心理之研究·上[M].武汉:长江少年儿童出版社,2014.

⑤ 他拿了两把牙刷,再放在地板上。后把牙刷互相叠起来(15 秒)。

⑥ 他把牙刷又拿到板上(10 秒)。

⑦ 再玩钟。把钟拿到板对面的房间里面(未计时)。

⑧ 再找钉子。他不留意把钉子掉在地板洞里了,他就寻找(2 分 40 秒)。

⑨ 又拿了牙刷在空中摇动,立即又刷地板(2 分 45 秒)。

⑩ 拿了钟放在地板上,又拿起放在板上(35 秒)。

⑪ 用一把牙刷插在地板上或墙壁上洞里边,并喊着说(40 秒)。

⑫ 把钟放在板上,又放在地板上,用右手刷钟面;再把钟放在板上,又放在地板上(2 分 10 秒)。

⑬ 再把牙刷插在地板上洞内,并且说(20 秒)。

⑭ 从幼儿手中另外拿牙刷刷钟面(10 秒)。

⑮ 再用牙刷在空中摇动(20 秒)。[①]

这段 20 分钟的玩耍记录得很详细,后续回看文字时,画面感仍历历在目,而且此资料可以永久保存下来,用作后续的分析比较研究。

片段三

第 38 星期

第 260 天

(88)近来他喜欢上下跳跃:你抱他立在膝上,两手扶着他的两腋,并提他一提,他就上下跳跃,以后一抱他立在膝上,他就要跳了。

(89)他能独自坐了。

......

第 46 星期

(105)要匍匐了:到了生后十月底,他就不做上下跳跃的动作,他喜欢爬了。

......

一岁

(113)身体的发展:①他能受人提着行走;②他能从仰天而睡的姿势翻到背天的姿势;③他能扶着东西站起来;④他能稍微运用手臂拉抽屉出来;⑤他能匍匐自在。

......

一岁两月

第 57 星期

(133)一岁两个月的总述:①爬的动作减少了;②独自要走了;③扶着东西(如椅、桌等)能站起来;④他知识增进些了;⑤喜欢与人游戏;⑥语言上没有什么增进,还是只能发出各种的异样声音;⑦不怕生疏的人,不过不愿意亲近他们;⑧喜欢用手触人的颈项作痒取乐。

......

一岁三月

第 59 星期

(134)他能自己独立片时。他能自己站起,并且站几秒钟工夫。

......

第 60 星期

(139)他能独立片时。把他站在地上,不扶着他,第一次站了 3.7 秒,第二次 3.7 秒,第三次 6 秒。

---

① 陈鹤琴. 儿童心理之研究·上[M].武汉:长江少年儿童出版社,2014.

......①

从第 38 星期到第 60 星期,从 260 天到第 420 天,时间跨度长达 160 天,详细记录了幼儿如何从不会坐到能独立站起来,这充分体现了日记法的特点,记录详细、时间跨度大。

三、运用日记法在园开展幼儿行为观察与引导的案例分析

(一)案例呈现

牛牛现在是一名大班幼儿,小、中班时讲话不是很清晰,但没有口吃的问题,上了大班后讲话开始变得结结巴巴。保育老师王老师想要运用日记法对牛牛的行为表现进行观察与引导。针对牛牛的情况,王老师决定按照以下步骤对牛牛的行为进行观察引导:

① 明确要观察幼儿的目标行为——牛牛在语言交流中的行为表现。

② 选择观察方法——日记法。

③ 设计观察记录表格——如表 3-2-3 所示。

④ 实施观察——记录在班级一日生活中牛牛与同伴交流或与教师交流时出现口吃的表现。

⑤ 整理资料,分析原因。

⑥ 针对原因,解决问题。

表 3-2-3　日记法观察记录表

观察对象:牛牛	性别:男
观察者:王老师	观察地点:教室
观察内容	

观察内容
2021.10.15　区域活动时间,牛牛和笑笑在图书区玩,牛牛给笑笑讲《三只小猪》的故事,一边讲还一边做动作,说话挺顺溜的。当牛牛讲到"老三建了一个无敌厉害的钢铁房"时,笑笑打断了他:"你乱说,我妈妈说是木房子,你说谎,你根本就不会。"牛牛提高了音量,说:"就是钢铁房,就是钢铁房。笑笑也声音大了起来:"羞羞羞,牛牛啥都不会。"这时,牛牛变得有些着急,讲话开始结巴:"你,你胡说,我,我不要,不要和,和你玩了。"
2021.10.18　今天集体活动时,牛牛跟旁边的朵朵在偷偷讲话打闹,徐老师叫了一下牛牛:"牛牛,你来说说,故事里小鸡为什么哭了呀?"牛牛开始结结巴巴地讲话:"因为,因为小鸭子,不和它,做,做好朋友了。"
2021.10.19　今天牛牛没有出现讲话结巴的情况。
2021.10.21　今天徐老师在集体活动时请牛牛说一说喜欢诗歌《摇篮》中的哪幅图,牛牛回答"第二幅",徐老师说:"那你能不能看着图片说说这幅图代表的诗歌呢?"牛牛开始结结巴巴:"花园是摇篮,摇着花宝宝,风……风儿轻轻吹,花宝宝……花宝宝睡……睡着了。"……
2021.11.15　今天牛牛讲话没有结巴。

(二)案例分析

首先,王老师对牛牛出现口吃的时间进行了分析。牛牛不是所有时候讲话都会口吃,大多数出现在着急、紧张的时候,比如:和同伴发生口头争执时,一着急讲话语速变快时就会结巴;集体活动和同伴玩闹被教师叫起来回答问题时,一紧张就会结巴。王老师推测口吃可能跟牛牛的心理状态有关系。

其次,王老师还进一步了解了牛牛的情况,比如家庭状况、健康史、出生和母亲孕期状况等。通过与牛牛家长的沟通了解到,牛牛小时候讲话就口水音很重,讲话不是很清晰。后来家长带他去医

---

① 陈鹤琴.儿童心理之研究·上[M].武汉:长江少年儿童出版社,2014.

院检查过,医生说牛牛的舌头有点长,卷舌发音不太容易。所以在家里,牛牛的妈妈很注重牛牛的平翘舌发音,上个暑假还带他去了儿童医院进行发音矫正,但情况一点都没有好转,非但没有解决平翘舌发音不准问题,还慢慢出现了口吃的问题。

经过观察和访谈,王老师分析得出的结论是:牛牛可能是因为紧张害怕才开始结巴的。原因有很多方面,前期可能跟妈妈特别注重他的发音,导致他自己一遇到平翘舌音就紧张,慢慢地讲话变得不是很有自信。后面在幼儿园里讲话结巴时又会遭到幼儿的嘲笑,上课时在全班幼儿面前回答问题也会害怕出丑,久而久之讲话结巴就越来越明显了。

找到原因之后,王老师采取了相应的解决方案。

首先,王老师跟班主任徐老师反映了这个情况。徐老师在晨间谈话时间和集体教学活动时间,给幼儿上了"我的本领大"这个社会活动,让幼儿明白每个人身上都有长处和短处,不能因为别人的缺点就嘲笑别人,要学习别人的长处。慢慢地,班级里笑话牛牛结巴的幼儿少了。

其次,在一日生活中,教师在倾听牛牛讲话时保持微笑和耐心。当牛牛讲得流利时,及时表扬;当牛牛紧张结巴时,教师会安抚牛牛说:"没关系,不着急,慢慢说,想清楚了再说。"慢慢地,牛牛跟教师互动时不会经常紧张害怕。

最后,王老师还跟牛牛家长进行了沟通。王老师与牛牛的妈妈沟通,建议她不要过于关注牛牛的平翘舌发音,应当多鼓励牛牛说话。放学回家后多问问牛牛一些幼儿园里发生的好玩有趣的事情,当牛牛愿意表达的时候,及时表扬鼓励。

任务三　运用轶事记录法观察与引导幼儿在园行为

案例导入

小三班的保育员小李老师发现,最近袁袁每次上床午睡总喜欢偷偷地把手伸进内裤里玩他的"小鸡鸡",可是刚进小班时,小李老师从来没发现袁袁睡前有这个习惯,不知道他是从什么时候养成的,所以有些担心。

其实小李老师不必太过紧张,幼儿在3~5岁会进入性器期,对生殖器感兴趣,尤其喜欢皮肤的摩擦。这个阶段幼儿抚摸生殖器主要是出于好奇心,对他们而言,触摸性器官跟触摸鼻子一样,只是在探索身体,随着年龄增长,这种行为一般会自然消失。

小李老师可以运用轶事记录法把日常生活中感兴趣或者觉得有价值的事情记录下来,这样能够更好地了解幼儿的心理和行为发展表现。

任务要求

1. 掌握轶事记录法的运用步骤。
2. 掌握运用轶事记录法观察与引导幼儿在园行为的策略。

一、轶事记录法运用的一般步骤

在任务一中详细介绍了轶事记录法的含义、使用特点以及优缺点。在幼儿园中,轶事记录法是一种方便又好上手的观察记录、收集资料、分析幼儿行为的方法,是一线保教人员最常用的观察方法,因此掌握轶事记录法的具体观察程序是十分重要的。具体来看,轶事记录法在运用中可以分为六大步。

(一)确定观察目的

轶事记录法主要针对观察者感兴趣的对象、行为或事件进行目标的选择。观察者可能会在观察前还没有选择好目标,也有可能在观察之前就想好今天要观察的内容,因此又可以从中分为随机观察和系统观察。

随机观察的目的旨在了解不特定的内容,包括对象、行为或事件等,成为后续观察的参考内容。因为其不特定的特点,观察者难以在观察前实现规划和准备,因为还没有想好要观察什么内容。

系统观察的目的在于了解事先决定好的对象、事件和行为,作为深入观察的切入点。

(二)确定观察位置

观察位置的确认和观察者在活动中的角色有关,可以分为参与观察和非参与观察。

参与观察,即观察者会参与幼儿的活动并与幼儿产生互动。在此种类型中教师需要保持与幼儿自然的互动状态,在互动中可以了解幼儿的活动状况以及对话内容,因此观察的位置随活动而变化。

非参与观察,则以选择不干扰到活动的位置为主,此外优先选择能看得清、听得清的位置实施观察。

(三)准备工具

轶事记录至少需要准备纸张、笔等工具,可以根据个人的观察习惯选择设计好的表格、夹板等工具。

(四)实施观察与记录

准备就绪后即可实施观察与记录,可以根据观察目的或现场状况等选择立即记录或回溯记录。

立即记录,顾名思义就是现场完成观察记录,即看到什么、听到什么就记录什么。一般来说,立即记录的内容是幼儿表现的摘要,教师仍需要在事后加以整理,使之成为可分析的有效资料。

回溯记录,是观察者因为各种原因无法立即将幼儿的行为记录下来,只能选择默记或快速记录,在事后将刚发生的内容根据记忆和快速记录的内容完整整理下来。例如,观察者选择参与观察,就难以进行立即记录。回溯记录需要及时记录,时间越久记忆越模糊。

(五)整理资料

观察者需要有良好的资料整理习惯,避免资料堆积过多增加整理分析的困难。通常有两个部分的整理:一是每日整理。观察者利用工作中的空余时间,将当日的观察记录进行初步的分类整理,通常选择将记录放入对应幼儿的文件夹,或者也可以选择按照日期进行分类,方便事后进行分析。二是阶段整理。观察者会在日常工作中收集大量的观察资料,过一阶段再将观察资料进行分类,通常情况下可以选择姓名分类、行为分类、日期分类等,这样做的目的是更加清晰地了解资料收集是否已经饱和。

(六)分析资料

观察记录一段时间之后,将这段时间内收集到的观察资料加以整理分析,可以针对某一幼儿,也可以针对某一行为或事件等。在分析中可以依据认知的发展、行为的类型、社会性游戏的类型等进行分析整理,结合观察记录的内容分析、推论相关内容。

二、运用轶事记录法在园开展幼儿行为观察与引导的案例分析

(一)随机观察

小高老师今年是小三班的保教人员,她想要了解这个全新的班级,认识每个幼儿。因为班上的每个幼儿她都不熟悉,于是她在开学后的第二个礼拜想要完成一次随机观察。

1. 确定观察目的

小高老师选择随机观察,旨在随机了解班上幼儿的状况,所以在观察实施前无法确定本次观察的对象、行为或事件。

2. 确定观察位置

小高老师的目的在于随机了解幼儿,本次选择非参与式的观察,根据现场的活动状况选择不干扰观察对象活动的位置。

3. 准备工具

小高老师为了方便观察且不引人注意,本次观察她选择了便利贴和一支笔。

4. 实施观察与记录

小高老师在当天的区域活动时间,看到班上的小员在阅读区看书,她对小员产生了观察兴趣,决定对其展开轶事记录。小高老师选择先在便利贴上进行简单的记录,下班后再找时间补充资料。

5. 整理资料

小高老师有每天整理资料的好习惯,在下午幼儿都离园并打扫完教室的卫生之后,完成了回溯记录。

6. 分析资料

晚上回家后,小高老师打算就当天的观察记录做一个简单的分析,旨在了解小员的基本发展。第二天将完整的轶事记录(表 3-3-1)放入昨天的资料夹里。

表 3-3-1 轶事记录表(随机观察)

观察者:高老师	观察地点:阅读区	观察时间:2021.9.13 15:25—15:45
观察对象:小员	性别:女	年龄:3 岁
观察情境描述:区域活动时间,全班幼儿都在自己选择的区角活动,小员在阅读区		
观察记录		
小员在阅读区看书,<u>小科和小男在她旁边来回跑,小员没有抬头</u>,用手指把书折了的地方翻开铺平,然后翻到下一页,过程中嘴里一直在发出声音。看完这本书之后,小员站起来把书放在书架上,走到建构区的柜子前,双手拿住装着积木的篮子从柜子里拿出来,把积木倒在地上然后坐下。<u>小员在堆叠积木,小力拿着玩具车在她旁边玩,小员没有反应</u>。小力走到她面前坐下,把小汽车放在地上放积木的位置,又拿着积木堆叠在小员的积木上面。小员拿起地上的小汽车比画了一会儿后,继续堆叠积木。<u>小力把一块积木举到堆叠的积木上方,松开后砸在堆叠的积木上,有几块积木掉了下来,小员这时也站起来做了一样的动作,然后笑了,两个人重复这个行为三次</u>。后来小李走了过来,拿起地上的积木,小员把积木抢了回来。小力说不玩了,小员就和一开始一样把积木堆叠上去,直到主班张老师说收拾了,才开始把积木放回篮子里。		
分析诠释		

1. 3～6 岁幼儿有意注意初步发展,有意注意是人有意识去支配的、主动的注意。
    佐证的记录:
        小科和小男在她旁边来回跑,小员没有抬头,用手指把书折了的地方翻开铺平,然后翻到下一页,过程中嘴里一直在发出声音。
        小员在堆叠积木,小力拿着玩具车在她旁边玩,小员没有反应。
    分析:
        3～6 岁幼儿无意注意占优势,外来刺激会影响幼儿的注意。但是小员没有,同时小员在看书时嘴里一直发出声音,故猜测其通过自言自语控制自己,有意注意正在发展。		

2. 3岁左右幼儿的游戏水平发展到平行游戏阶段。幼儿和同伴是各玩各的,相互之间没有交流,但是幼儿能觉察到其他幼儿的存在,会产生互相模仿的游戏行为,只是他们没去影响或改变他人。

　　佐证的记录:
　　　　小力把一块积木举到堆叠的积木上方,松开后砸在堆叠的积木上,有几块积木掉了下来,小员这时也站起来做了一样的动作,然后笑了,两个人重复这个行为三次。后来小李走了过来,拿起地上的积木,小员把积木抢了回来。小力说不玩了,小员就和一开始一样把积木堆叠上去。

　　分析:
　　　　小员可能处于平行游戏阶段,她和小力的游戏没有共同目的,且她有出现模仿小力游戏的行为。

(二)系统观察

小高老师今年是小三班的保育老师,开学后她第一个观察的幼儿是小员,小高老师想要更了解小员,所以计划接下来的几天都观察小员。

1. 确定观察目的

小高老师的目标是想要了解小员,有了决定好的对象,所以本次观察是系统性的观察。小高老师在区域活动时间比较有空,她计划将接下来对于小员的观察都放在区域活动时间。

2. 确定观察位置

小高老师的目的在于系统了解小员,本次仍选择非参与式的观察,根据现场的活动状况选择不干扰观察对象活动的位置。

3. 准备工具

小高老师为了方便观察且不引人注意,本次观察她选择了便利贴和一支笔。

4. 实施观察与记录

小高老师先在便利贴上针对小员进行简单的记录,后续再找时间进行回溯记录。

5. 整理资料

小高老师有每天整理资料的好习惯,在下午幼儿都离园并打扫完教室的卫生之后,完成了回溯记录。

6. 分析资料

每天晚上回到家,小高老师就当天的观察记录做一个简单的分析,旨在了解小员的基本发展。一周后进行阶段性的资料整理与分析,最终整理出了表3-3-2。通过阶段整理的表格,小高老师对小员有了一定的认识,她发现小员有意注意的发展比班上同龄的幼儿好,和同龄幼儿一样处在平行游戏阶段,同时想象也是符合同龄幼儿的发展特点的。

表 3-3-2　轶事记录表(系统观察)

幼儿姓名:小员	性别:女	年龄:3岁	观察者:高老师
观察情境:每天区域活动			
日期	**观察内容**		
2021.9.13 周一 15:25—15:45	小员在阅读区看书,小科和小男在她旁边来回跑,小员没有抬头,用手指把书折了的地方翻开铺平,然后翻到下一页,过程中嘴里一直在发出声音。看完这本书之后,小员站起来把书放在书架上,走到建构区的柜子前,双手拿住装着积木的篮子从柜子里拿出来,把积木倒在地上然后坐下。小员在堆叠积木,小力拿着玩具车在她旁边玩,小员没有反应。小力走到她面前坐下,把小汽车放在地上放积木的位置,又拿着积木堆叠在小员的积木上面。小员拿起地上的小汽车比画了一会后,继续堆叠积木。小力把一块积木举到堆叠的积木上方松开后砸在堆叠的积木上,有几块积木掉了下来,小员这时也站起来做了一样的动作,然后笑了,两个人重复这个行为三次。后来小李走了过来,拿起地上的积木,小员把积木抢了回来。小力说不玩了,小员就和一开始一样把积木堆叠上去,直到主班张老师说收拾了,才开始把积木放回篮子里。		

（续表）

2021.9.14 周二 15:10—15:15	小员从厕所出来后,先看看张老师给康康擤鼻涕,<u>接着走到浩杰旁边看他玩奥特曼。小贝大叫着走过来,小员没有看他。</u> 　　小贝拿起小员旁边的玩具,小员一把抓住那个玩具,然后和小贝一起玩。<u>两个人在地上拿不同的立体图形木块往里面塞,小贝拿起一个圆柱体,没办法塞进三角形的洞,小员拿过那个积木塞进圆形的洞里面,说:"这个是放在这里的。"</u>小力用手推着地上的玩具消防车,玩具车发出"嘀嘟嘀嘟"的声音,小员就看着小力玩小汽车。
2021.9.15 周三 15:12—15:20	小员和小康坐在阅读区的沙发上看绘本。<u>小员拿着绘本《我的鼻孔里有座花园》,一边看一边对着图片说"鼻孔""电视""手指在看书"等。过程中小康拿着他的绘本和小员说:"你看这个好可爱啊。"小员没有回应他,而是继续看书。</u>小员看完书之后把书放在沙发上,起身走向书架。
2021.9.16 周四 15:15—15:30	小员在美工区画画,强强走过来问:"你在画什么啊?"小员看着她的画,说:"我在画蝴蝶。"强强说:"你这个不像蝴蝶啊,像扇子,你看这里。"强强指着她的画,小员说:"那我想要一个粉色的扇子。"然后拿起粉色的蜡笔涂在她的画上,又用黄色的蜡笔在画的左上角画了一个圆,嘴里说着:"这里有一个太阳。"接着,在"扇子"左边画了一个很小的"雨伞"。乐轩走过来夺过她手上粉色的蜡笔,开始在自己的画上涂,小员哭了。
2021.9.17 周五	手足口病放假。

分析诠释

1. 3～6岁幼儿有意注意初步发展,有意注意是人有意识去支配的、主动的注意。

　　佐证的记录:

　　周一:

　　　　小科和小男在她旁边来回跑,小员没有抬头,用手指把书折了的地方翻开铺平,然后翻到下一页,过程中嘴里一直在发出声音。

　　　　小员在堆叠积木,小力拿着玩具车在她旁边玩,小员没有反应。

　　周二:

　　　　接着走到浩杰旁边看他玩奥特曼。小贝大叫着走过来,小员没有看他。

　　周三:

　　　　小员拿着绘本《我的鼻孔里有座花园》,一边看一边对着图片说"鼻孔""电视""手指在看书"等。过程中小康拿着他的绘本和小员说:"你看这个好可爱啊。"小员没有回应他,而是继续看书。

　　分析:

　　　　小员在本周多次呈现出有意注意的发展特点,大概猜测其有意注意发展良好。

2. 3岁左右幼儿的游戏水平发展到平行游戏阶段。幼儿和同伴是各玩各的,相互之间没有交流,但是幼儿能觉察到其他幼儿的存在,会产生互相模仿的游戏行为,只是他们没去影响或改变他人。

　　佐证的记录:

　　周一:

　　　　小力把一块积木举到堆叠的积木上方,松开后砸在堆叠的积木上,有几块积木掉了下来,小员这时也站起来做了一样的动作,然后笑了,两个人重复这个行为三次。后来小李走了过来,拿起地上的积木,小员把积木抢了回来。小力说不玩了,小员就和一开始一样把积木堆叠上去。

　　周二:

　　　　两个人在地上拿不同的立体图形木块往里面塞,小贝拿起一个圆柱体,没办法塞进三角形的洞,小员拿过那个积木塞进圆形的洞里面,说:"这个是放在这里的。"

　　分析:

　　　　小员本周的两次游戏均处于平行游戏阶段,符合3岁幼儿的发展特点。

3. 3～4岁幼儿想象基本是无意的。无意想象无预定目的、主题内容不稳定、内容零散。

　　佐证的记录:

　　周四:

　　　　"我在画蝴蝶。"强强说:"你这个不像蝴蝶啊,像扇子,你看这里。"强强指着她的画,小员说:"那我想要一个粉色的扇子。"然后拿起粉色的蜡笔涂在她的画上,又用黄色的蜡笔在画的左上角画了一个圆,嘴里说着:"这里有一个太阳。"接着,在"扇子"左边画了一个很小的"雨伞"。

　　分析:

　　　　小员在绘画活动中展现出了绘画主题无目的、主题不稳定、内容零散等特点,符合无意想象发展的特点。

任务四　运用叙述性描述法观察与引导幼儿在园行为

案例导入

下午户外活动时间,中三班幼儿在沙水区自由玩耍,20分钟后,幼儿结束了游戏,坐在树荫下的长椅上休息喝水。

这时,丽丽发现了一条已经死了的蚯蚓。

丽丽说:"这是一条用树枝做的蛇。"

婷婷说:"树枝不会动,这个会动。"

丽丽说:"这个是给你们看一看的。"

叮咚说:"万一动了呢?"

丽丽说:"万一动了,你们可以闭上眼睛呀。"

婷婷问:"闭上眼睛干吗?"

丽丽回答:"闭上眼睛,然后想一想为什么它会动,好吗?"

其他幼儿都没有说话,继续观察这条蚯蚓。

有的幼儿很好奇地走过来,看了看,说:"不要动,那是蛇。"已经看过的幼儿都哈哈大笑,说它是不会动的。他们开始争论这是蚯蚓还是蛇。"它是蚯蚓!""不,它是小蛇宝宝。"……

像上述这样的对话一天会发生很多次,处处蕴含着教育契机,保教人员可以运用叙述性描述法记录下来,再加以分析利用。比如在上面的案例中,基于幼儿对"这个生物是蛇还是蚯蚓"的争论,就可以借此机会生成一个关于蛇和蚯蚓有什么不同之处的活动。

任务要求

1. 掌握叙述性描述法的运用步骤。
2. 掌握运用叙述性描述法观察与引导幼儿在园行为的策略。

一、叙述性描述法运用的一般步骤

在任务一中详细介绍了叙述性描述法的含义、使用特点以及优缺点。在幼儿园中,叙述性描述用得不是特别多,因为这种方法会记录更多细节,这也意味着运用这种方法要花费一定的时间,付出一定的努力,并且它无法高效、快速地收集典型的行为样本。另外,运用这种方法也需要一定的技能,涉及观察者的文字表述能力和敏锐的观察力。具体来看,叙述性描述法在运用中可以分为六大步。

(一)确定观察目的

叙述性描述法是一种正式的记录方法,所以它需要事先确定好标准,比如在一天中的哪个时间段观察、观察谁、观察原因以及具体的观察场景等。

(二)确定观察位置

观察位置的确认和观察者在活动中的角色有关,叙述性描述法主要采用非参与观察,选择不干扰到活动的位置为主,此外优先选择能看得清、听得清的位置实施观察。

（三）准备工具

叙述性描述法至少需要准备纸张、笔等工具,但因叙述性描述法需要记录更多细节,所以会选用一些辅助工具如录音笔、摄像机等来弥补文字记录的不足。

（四）实施观察,仔细记录

叙述性描述法要求详细描述行为,描述行为所发生的情境以及行为发生的先后顺序。记住,是具体地描述行为,而不是用一些泛泛的词语来简单叙述。所以叙述性描述法主要是立即记录而不是回溯记录。如果怕自己记录不完整,可以借助录音笔或摄像机同时记录,事后将少许未完善的资料进行补充。从理论上讲,叙述性描述没有时间限制,但高强度的记录会使人疲劳,所以一般会把观察时间限制在 1 小时左右,在这 1 小时内,观察和记录是连续进行的。若有多位观察者参与,则可以轮流记录,这样记录的时间就可以更长。

（五）整理资料

观察者需要有良好的资料整理习惯,避免资料堆积过多增加整理分析的困难。通常有两个部分的整理。

一是每日整理。观察者利用工作中的空余时间将当日的观察记录进行初步的分类整理,通常选择将记录放入对应幼儿的文件夹中,或者选择按照日期进行分类,方便事后进行分析。

二是阶段整理。观察者会在日常工作中收集大量的观察资料,过一阶段要将观察资料进行分类,通常情况下可以选择姓名分类、行为分类、日期分类等,这样做的目的是更加清晰地了解资料收集是否已经饱和。

（六）分析资料

观察记录一段时间之后,将这段时间内收集到的观察资料加以整理分析,可以针对某一幼儿,也可以针对某一行为或事件等。在分析中可以依据认知的发展、行为的类型、社会性游戏的类型等进行分析整理,结合观察记录的内容分析、推论相关内容。

在运用叙述性描述法记录的时候,还要注意以下三个记录要点:

① 为了节省记录的时间,许多概念或专有名词可以用简称或简写,暂以代称或代号的方式记录,等到分析时还原其全称。例如:将幼儿姓名进行拼音缩写;将教师和幼儿进行英文缩写,T＝教师,C＝幼儿;将幼儿年龄以缩减的方式记录,如 3 - 6＝3 岁 6 个月。

② 记录的内容必须是没有加以推论的客观事实的描述。

③ 记录时,宜将事件描述和分析分隔开来,以方便日后判读这是幼儿的行为,还是观察者的分析解释。

二、运用叙述性描述法在园开展幼儿行为观察与引导的案例分析

保育老师王老师想了解幼儿游戏发展水平,打算利用午饭后到午休前的半个小时进行观察。在日常生活接触中,她发现子轩、果果、小力三个人最爱在一起玩娃娃家,于是决定今天中午观察他们三个的游戏行为表现,具体如表 3-4-1 所示。

表 3-4-1　运用叙述性描述法观察中班幼儿游戏水平记录表示例

幼儿姓名/性别:小力(女)、果果(女)、子轩(男)		年级/年龄:中班(4 岁)
观察者:王老师	观察日期:2021.10.13	观察时间:11:30—12:00
观察情境:午饭后休息时间,全班幼儿都在教室里玩游戏。		

（续表）

时间	观察内容
11:30	午饭后,每个幼儿都搬了一个小凳子去午睡间玩雪花片。我看到子轩、果果、小力开始凑在一起玩,便拿了便利贴和一支笔,搬了一把小椅子坐到了一个不起眼又方便观察的角落,观察他们在玩什么游戏。为了防止在记录过程中记录速度太慢而遗漏内容,我打开了手机的录音功能。 　　我刚坐下,听到子轩对小力说:"大吸管,一人一个,超级大的吸管,这个给你喝,这个给果果喝吧。"紧接着我听到小力发出婴儿般的声音,说:"我要睡觉,我要睡摇篮床,我要睡摇篮床……"
11:35	这时,主班徐老师从旁边办公区走到活动区,对可欣说:"你过来,可欣。"可欣走到徐老师身边,徐老师便对着全班幼儿说:"今天中午我让可欣当小老师,如果再说话声音很大,小老师是有权利将你们的雪花片收走的。"徐老师的话说完,幼儿的声音瞬间小了许多,小老师也开始站起来看哪个幼儿说话声音大。
11:38	这时,子轩问我:"王老师,这样的声音就可以了吗?"我对他说:"可以。" 　　小力说:"那我们一起睡觉吧,我要听摇篮曲。" 　　子轩说:"那我去开空调。" 　　这时,果果对小力说:"是要我给你唱摇篮曲吗?"于是唱道:"小宝贝,睡觉,睡觉,睡觉。" 　　小力接着和子轩说:"爸爸,我要喝牛奶。"然后嘴里发出很像喝牛奶的声音。 　　子轩:"好,我给你冲吧。马上就冲好了,等一下哦。"这时小力嘴里又发出婴儿的哭声。 　　子轩说:"你喝吧,超级大吸管,这有很多很多的牛奶。" 　　小力:"我现在是一个大姐姐了,"转身又对果果说:"你也喝牛奶,就会变成大姐姐了。" 　　子轩说:"谁还要喝牛奶啊?" 　　小力说:"我要喝。" 　　子轩说:"你已经长大了,不能喝牛奶了,给她喝吧(可欣)。"
11:43	这时,可欣喝了牛奶,对他们三个说:"如果你们像我这样坐好,我就奖励你们六个雪花片(因为可欣是小老师,有权利收发雪花片)。"三个幼儿坐了一会儿,坐得都很认真、很端正,可欣将雪花片奖励给子轩。
11:45	子轩收到雪花片之后,做了一根香肠给小力吃,小力说很好吃。接着,子轩又给小力做了一个超级棒棒糖、超级飞机巧克力。 　　小力说:"爸爸,我长大了,要去小学了。" 　　子轩说:"给你一个棒棒糖奖励。" 　　小力说:"爸爸,我要冰激凌。" 　　子轩说:"冰激凌没有了,怎么办呢?" 　　接着小力要去游乐场,子轩:"游乐场到了,什么好玩的都有。"子轩说:"看,有个可怕的大蜘蛛。"
11:48	这时小力说:"快跑呀,大蜘蛛来了,爸爸,我们好累呀,回家吧。"子轩说:"那你们去整理吧。" 　　小力接着说:"爸爸,我们回来了,你给我们准备了什么? 我要吃蛋糕,我要吃橘子味的。" 　　子轩说:"有草莓味的,什么味的都有。"
11:52	这时,可欣来了,说:"谁要听话,就再给谁六片。"三个人又端正坐好,但是可欣又改变主意,采用点兵点将方式最后选中子轩,将雪花片又给了子轩。 　　这时果果因为没有得到雪花片假装哭了,小力安慰她说小老师给你去拿了。 　　子轩又得到了六片雪花片,说:"我有六片哟。再给你们拼一个超级大吸管,很大一根吸管。" 　　小力说:"我要喝牛奶。" 　　子轩说:"好,马上就好了。" 　　果果对小力说:"现在你是一个姐姐,我是一个妈妈了。宝贝!" 　　小力说:"妈妈,我不想去学校。" 　　果果说:"你必须要去学校。" 　　小力假装哭着说:"为什么我要去学校?" 　　果果说:"因为老师很喜欢你啊,老师也很疼爱你,每天下学了给你吃棒棒糖,好吗?" 　　小力说:"好的,我去上学了。" 　　果果说:"祝你玩得愉快!" 　　小力接着说:"老师好!" 　　果果说:"同学们好。"

（续表）

11:57	这时徐老师出来宣布开始拆雪花片，午休时间到。游戏结束。

分析：角色游戏是幼儿根据自己的兴趣和愿望，以模仿和想象，通过角色扮演，创造性地表现其生活体验的活动。幼儿在游戏中常以动作、语言来扮演角色。目前这三个幼儿的游戏水平发展如下：①目的性不是很强，时时更换扮演的角色；②玩游戏的意愿性较强，参与度高；③能自主分配角色；④在角色表现形式上，各个动作间有一定的关联性，比如小力在扮演小宝宝时会发出婴儿的声音；⑤明确各自的角色身份并能配合对方行动；⑥能以物代物，想象不受物品局限，比如子轩用雪花片拼出一个造型当作奶瓶给小力喝；⑦持续时间较长，如果没有被徐老师打断，游戏可能会持续 40 分钟。

模块小结

在幼儿行为观察的各种方法之中，最早被运用的是描述法。确切地说，描述法并不是一种具体的方法，而是一类方法，包括日记法、轶事记录法、叙述性描述法等。这些方法共同的特点就是将所观察到的事实用描述性语句记录下来，作为事后分析之用。

日记法是一种非正式的观察方法。它是研究幼儿发展的一种经典方法。日记法按有无主题分为主题式日记法和综合式日记法。主题式日记法强调记录幼儿表现出的特定领域的新行为，综合式日记法比主题式日记法的记录范围更加广泛，它要尽可能记录幼儿表现出的每一个新行为。日记法主要的不足在于不是每个人都能运用这种方法，因为它对观察者有很高的要求。

轶事记录法是一种非正式的观察方法。它是一线保教人员最常用的一种观察方法，因为观察者既可以记录所有感兴趣的事情，也可以记录不常出现的行为，所以很容易上手。但是轶事记录也有不足，因为观察的内容由观察者个人喜好所决定，所以在记录事件和行为时容易掺杂个人偏见。

叙述性描述法是一种正式的观察方法。运用这种方法，可以尽可能详细地记录每一个行为及其情境。叙述性描述法的记录是客观的，不掺杂任何评价或解释。叙述性描述法是所有观察方法中最开放的方法，记录幼儿的全部行为。叙述性描述法的主要不足在于耗时耗力，无法高效、快速地收集典型的行为样本。另外，运用这种方法还对观察者自身的能力有一定的要求，因为它要记录很多细节，要求观察者的文字表述能力较好，观察力比较敏锐。

思考与练习

一、单选题

1. 下面哪项不适合成为轶事记录法的观察对象？（　　）
   A. 常常自言自语的小亮
   B. 能第一次很好地扮演医生的娟娟
   C. 原本外向，却突然不爱搭理小伙伴的小建
   D. 中二班的全体幼儿
2. 下面对叙述性描述法说法不正确的一项是（　　）。

A. 叙述性描述法只是记录下观察者感兴趣、认为有意义的事件

B. 叙述性描述法的观察对象选择范围较广

C. 运用叙述性描述法对目标幼儿进行连续记录的时间一般在一个小时之内

D. 叙述性描述法可用于对幼儿园课程的评价

二、判断题

1. 描述法共同的优点是简单、方便、灵活,并且收集的资料能永久保存。　　　　　　　（　　）

2. 描述法共同的缺点是比较耗费时间和精力。　　　　　　　　　　　　　　　　（　　）

3. 叙述性描述法注重对幼儿进行长期跟踪观察,并对其表现出的新行为或重要事件进行有规律的记录。　　　　　　　　　　　　　　　　　　　　　　　　　　　　（　　）

三、简答题

1. 日记法逐渐被其他观察研究法取代的原因有哪些?

2. 轶事记录法的"五'W'要素"是指什么?

四、实践题

请根据个人兴趣,按照完整的观察步骤用轶事记录法观察一名 3～6 岁的幼儿,制作完成一份观察表。

　聚焦考证　

一、选择题

1. 中班幼儿告状现象频繁,这主要是因为幼儿（　　）。[①]

A. 道德感的发展　　　B. 羞愧感的发展　　　C. 美感的发展　　　D. 理智感的发展

2. 为了解幼儿与同伴交往的特点,研究者深入幼儿所在的班级,详细记录其交往过程的语言和动作等。这一研究方法属于（　　）。[②]

A. 访谈法　　　　　　B. 实验法　　　　　　C. 观察法　　　　　　D. 作品分析法

二、材料分析题

离园时,3 岁的小凯对妈妈兴奋地说:"妈妈,今天我得了一个'小笑脸',老师还把它贴在我脑门儿上了。"妈妈听了很高兴,连续两天小凯都这样告诉妈妈。后来妈妈和老师沟通后才得知,小凯并没有得到"小笑脸"。妈妈生气地责怪小凯:"你这么小,怎么就说谎呢!"

阅读材料,回答问题。小凯妈妈的说法是否正确?试结合幼儿想象的特点,分析上述现象。[③]

---

① 2013 年下半年幼儿园教师资格考试《保教知识与能力》试题。

② 2013 年下半年幼儿园教师资格考试《保教知识与能力》试题。

③ 2020 年下半年幼儿园教师资格考试《保教知识与能力》试题。

模块四

运用抽样法开展幼儿行为观察与引导

模块导读

　　抽样法是一种正式的、结构性观察,也是一种重要的量化观察方法。抽样法可以帮助观察者节约时间和精力,因此在幼儿园保教工作中较为常用。本模块详细介绍了两种重要的抽样观察方法:时间抽样与事件抽样。在学习过程中,要求系统掌握这两种抽样方法的使用程序。

学习目标

1. 了解抽样法的内涵、类型、特征。
2. 掌握时间抽样法和事件抽样法的内涵、特征、优缺点。
3. 综合分析时间抽样法和事件抽样法的异同。
4. 能够有效运用两种抽样法观察并引导幼儿的在园行为。

内容结构

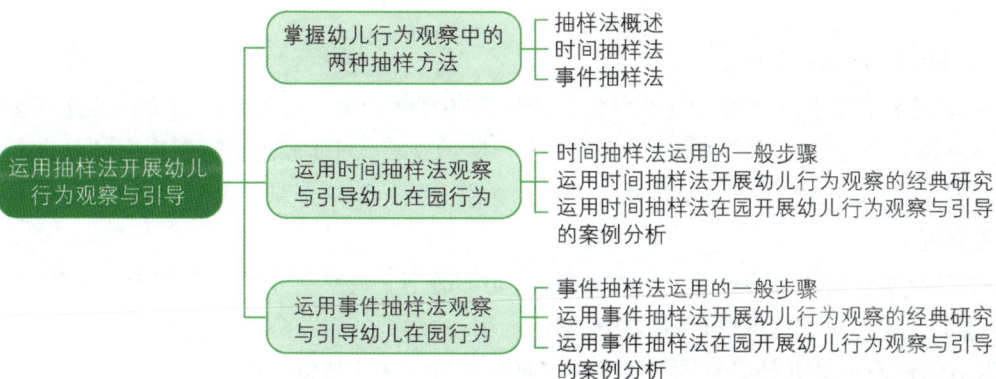

任务一 掌握幼儿行为观察法中的两种抽样方法

案例导入

一名保教人员想要对幼儿园内 5 个小班幼儿的独立进餐能力进行调查。这位保教人员可以从小班 5 个班级中,每班随机抽取 15 名幼儿进行观察研究。这些被抽中幼儿的独立进餐能力就代表整个班级幼儿的能力,从而帮助保教人员从中总结、概括出整个幼儿园小班年龄段幼儿独立进餐的能力。

抽样作为一种重要的观察方法,不仅可以在日常生活中帮助研究者节约大量的时间和精力,也能有效提高研究效率。

任务要求

1. 掌握抽样法的含义、使用特点与分类。
2. 掌握时间抽样法的含义、使用特点、优点与不足。
3. 掌握事件抽样法的含义、与时间抽样法的区别、优点与不足。

一、抽样法概述

(一)抽样法的含义

对于观察者而言,试图观察所有幼儿行为显然是不可能实现的。因此,观察者就需要从中进行抽样,选择少量的幼儿和幼儿行为进行观察研究。"从总体中选择部分对象进行研究的过程,叫作抽样。"[①]抽样法是一种正式的、结构性观察,也是一种重要的量化观察方法,可以帮助观察者节约时间和精力。

(二)抽样法的使用特点

首先,抽样法仅适用于观察幼儿经常发生或出现的高频行为。如果观察者无法确定所要观察的幼儿行为是否会高频出现,就需要在正式观察前开展预观察。平均来说,所要观察的幼儿行为至少每 5 分钟就要出现一次才可以适用抽样的方法。如果无法达到这个基本要求,可以更换其他观察法开展相关研究。

其次,抽样法仅适用于观察幼儿的外显行为,而不适用于观察幼儿的内隐行为。例如,对幼儿的想象、联想能力进行研究就不适合用抽样观察法。由于抽样法需要在观察过程中迅速对幼儿的行为做出判断,因此,只有幼儿外显且易于做出直接判断的行为才比较适用抽样法。

(三)抽样法的分类

抽样法以时间维度或事件维度作为抽样最小单位可以分为两类重要的观察方法,分别为时间抽样与事件抽样。观察者需要在事先确定好的观察时间内,观察预先确定的目标行为,记录目标行为是否出现或者记录行为出现的频率、持续的时间。

---

① [英]盖伊·罗伯特-赫尔姆斯. 学前教育研究:方法与应用(第三版)[M].孙爱琴,译. 北京:教育科学出版社,2019.

二、时间抽样法

（一）时间抽样法的含义

时间抽样（time sampling）是一种正式的观察方法。当幼儿身处观察场景时，观察者需要从全部时间流中选择或抽取相对较短的一个时间段，观察某一幼儿或一组幼儿特定行为在这一时间段内的表现。观察者通过对幼儿外显行为的观察，判断并记录下幼儿特定行为是否出现或者出现的频率、持续的时间。

需要注意的是，观察者采用时间抽样法进行观察时，不仅要进行时间抽样，同时还要进行行为抽样。时间抽样和行为抽样必须同时发生。也就是说，只有在事先选择好的时间段内，观察到某种行为发生，观察者才需要记录这一行为。如果这种行为发生在所选择的时间段之外，那么就忽略不计。

案例链接

在中三班，李老师负责幼儿保育工作。在日常生活中，她发现班级中有部分男孩总喜欢相互打来打去。她想重点观察一下班上 5 名男孩的攻击性行为。她计划对每名幼儿观察一分钟，并且用记号标记该幼儿表现出的所有攻击性行为。李老师在观察天天的时候，发现他表现出了攻击性行为，便在自己的时间抽样观察表中做下了标记。后来，李老师在观察陶陶的时候，碰巧看到天天又表现出了攻击性行为。请问此时李老师需要在时间抽样表上记录下天天的行为吗？为什么？

解释： 不需要。因为李老师观察陶陶的时候，这一分钟是属于陶陶的，李老师需要判断的是在这一分钟里陶陶是否出现了攻击性行为，与天天是没有关系的。运用时间抽样法时，要特别注意抽取的时间和行为必须同时发生。

时间抽样法的含义可以归纳为：观察者以一定的时间间隔为抽样标准，来观察并记录幼儿个体（一个目标幼儿）或幼儿群体（一组目标幼儿）预先确定的行为是否出现，以及出现次数或时长。

（二）时间抽样法的使用特点

首先，时间抽样的代表性很重要。如果在 5 分钟内，所观察的行为平均出现的次数少于一次，那么就不应该用时间抽样。少量出现的、孤立的幼儿行为样本可能很有趣，但与幼儿典型行为相比，这些行为样本即使能揭示什么，往往也不会具有代表性。

其次，观察者在特定时间段中对目标行为进行观察时，特定时间段内的时间间隔必须是有规律的。例如，如果一位观察者计划在 30 分钟的自主游戏时间观察 6 名幼儿出现分享行为的频率，就需要把 30 分钟的特定观察时间有规律地分割成固定的观察时段，并保证 6 名幼儿都能依次被多次观察到。只有这样，观察者才能获得有效的关于 6 名幼儿分享行为出现的频率。

（三）时间抽样法的优点与不足

1. 时间抽样法的优点

在具体使用时，时间抽样法具有明显的优点。主要包括：

① 观察目的明确而具体，观察内容、过程可进行有效控制。

② 多位观察者之间具有一致性，研究结果较为客观。

③ 有利于弄清行为发生的频率;研究的样本数量比较多。

④ 能在较短时间内获得大量信息,方便、高效;能够提供量化数据,有利于统计分析。

2. 时间抽样法的不足

尽管时间抽样法在使用中具有明显的优点,但是也有明显的不足,观察者要结合自己的观察目的进行反思。时间抽样法的不足主要包括:

① 在观察范围上有一定的局限,仅限于观察出现频率较高的外显行为。

② 对观察者的计时技能有一定要求。

③ 无法获取幼儿相关行为的详细资料,如幼儿某一行为的具体表现及详细的背景信息。

④ 无法按照行为发生的原貌处理资料,观察的只是部分行为,其解释性有时候会受到挑战。

三、事件抽样法

(一)事件抽样法的含义

事件抽样(event sampling)也是一种重要的正式观察方法。在时间抽样法中,"时间"是核心,而在事件抽样法中,"事件"成为抽样的中心。在进行事件抽样时,观察者首先需要确定要观察的是哪些具体的事件,并在观察的情境中等待这些事件的出现。事件抽样法特别适用于观察幼儿某种行为出现的原因,特别是幼儿的一些偏差行为,如攻击性行为、违规行为等。事件抽样法的记录与分析,能够帮助教师有效干预幼儿的这些偏差行为。

在事件抽样法中,"事件特指幼儿的一系列行为,这些行为表现分属各个特定的类别"[1]。幼儿之间争抢游戏材料就是一个事件,在这个事件中会有一系列可以观察到的行为。例如,幼儿之间会大声说话甚至会叫嚷,同时可能会表现出身体上的动作碰撞,并伴随不愉快的表情反应。

事件抽样法的含义可以归纳为:观察者在自然情境中,等待所要观察的行为出现,当行为出现后立即将行为记录下来,也可包括行为发生的背景、发生的原因、行为的终止与结果等内容。

(二)事件抽样法与时间抽样法的区别

运用时间抽样法观察幼儿行为时需要同时满足以下两个条件:第一,必须是特定的目标行为;第二,特定的目标行为必须发生在特定的时间段内。

运用事件抽样法观察幼儿行为,只需要从幼儿的行为流中抽取特定的行为或事件进行观察,不要求抽取的行为或事件一定发生在特定的时间段内。

(三)事件抽样法的优点与不足

1. 事件抽样法的优点

① 操作相对比较简便,以"事件"为重点,等到幼儿行为发生就可以记录。

② 能展现幼儿某一具体领域或技能的发展,可以较为清晰地了解行为的发生过程,分析行为或事件的因果关系,以及与情境/环境的关系。

③ 可以与叙述性描述法联合使用,获得相对完整的观察资料。

2. 事件抽样法的不足

① 可能会缺乏测量的稳定性,同样观察的行为或事件在不同的情境下可能具有不同的性质。

② 无法记录到与事件发生有关,但时间上相隔较远的内容。

③ 行为发生的频率不能太低,如果是很偶尔发生的行为不适于事件抽样法。

---

① [美]沃伦·R·本特森. 观察儿童——儿童行为观察记录指南[M]. 于开莲,王银玲,译. 北京:人民教育出版社,2008.

运用时间抽样法观察与引导幼儿在园行为

案例导入

　　新学期开始了,在接手新小班的时候会发现班上的幼儿入园后情绪不稳定,容易出现哭闹行为。面对 25 个小班幼儿,如何能够更好地了解他们哭闹行为发生的频率差异,从而根据幼儿的个体差异有针对性地进行行为引导?

　　小班幼儿离开家庭进入幼儿园,面对陌生的环境,很容易出现情绪不稳定,哭闹不止、不肯参加集体活动,这都是幼儿入园不适应的外显行为表现。作为幼儿身边的重要成人,保教人员如果能够运用适宜的观察方法对幼儿的不适应行为进行系统观察,就能够更好地了解幼儿的内心世界,运用更有效的方法引导幼儿的行为。针对上述案例中的问题,可以选用时间抽样的方法,在父母送幼儿入园后的晨间自主游戏环节进行观察。

任务要求

　　1. 掌握时间抽样法的运用步骤。

　　2. 理解帕顿运用时间抽样法开展的关于幼儿社会性参与程度的经典研究。

　　3. 掌握运用时间抽样法观察与引导幼儿在园行为的策略。

一、时间抽样法运用的一般步骤

　　在上一任务中详细介绍了时间抽样法的含义、使用特点以及这种方法的优点和不足。在幼儿园中,时间抽样法是一种重要的观察、收集、分析幼儿行为的有效方法。对于一线保教人员,系统掌握时间抽样法能够帮助他们快速收集到大量幼儿的相关行为,从而提高保教质量。因此,掌握时间抽样法的具体运用过程是十分重要的。具体来看,时间抽样法在运用中可以分为五大步。

(一)确定要进行观察的幼儿目标行为

　　使用时间抽样法时,建议在正式开展观察前进行预观察,因为时间抽样法只适用于高频发生的幼儿行为。结合预观察以及观察目的,明确运用时间抽样观察的目标行为。

(二)为需要观察的目标行为进行操作定义的界定

　　有了观察的目标行为,接下来需要观察者进一步把比较宏大的目标行为划分为更小的类别,并进行清晰的概念界定。例如,当所要观察的目标行为是幼儿的攻击性行为时,就可进一步将攻击性行为划分为肢体攻击、言语攻击和关系攻击三个更小的类别,并依次进行概念界定。观察者需要依据操作性的定义确定行为测量与观察记录的客观标准,即观察指标。

(三)抽取具有代表性的时间

　　研究者需要根据预观察的情况,为目标行为的正式观察抽取具有代表性的时间段。例如,上文中提到的小班幼儿入园后的哭闹行为,在预观察的基础上会发现幼儿这类行为高发的场景。如晨间父母离开时或是餐点及午睡时,在这些时间段内进行时间抽样能够更高效地收集到幼儿的行为资料。选择好代表性时间后,观察者还需要根据一次总体观察时长划分时距、设计时距间隔和数目。

1. 时距:一次观察时间的长度。

适宜性依据:幼儿行为的持续程度、记录的简单和复杂需要、观察者的疲劳程度。

2. 时距间隔:时距和时距之间间隔的时间。

适宜性依据:时距长度、观察对象的数目、行为的细节。

3. 时距数目:观察中一共观察的时距数量。

适宜性依据:需要观察多久才能获得有代表性的行为样本。

(四)选择适当的记录方式

运用时间抽样法进行观察时,在记录方式上主要包括三种:

① 检核记录法,记录目标行为是否出现;

② 计数法,记录目标行为出现的次数;

③ 计时法,记录目标行为出现的时长。

(五)设计适宜的观察表格

完成上面的步骤后,即可设计便于记录的观察表格。表格设计要清晰规范,其中的文字表述也要非常准确,不能产生歧义。表格设计中既要包含目标幼儿的基本信息,又要符合时间抽样法的设计规范。

接下来,以"案例导入"中提到的针对刚入园的 25 名小班幼儿哭闹行为频率进行观察为例,进行初步的观察表格设计示范,具体如表 4-2-1 所示。

表 4-2-1　运用时间抽样法观察小班幼儿入园后哭闹行为记录表示例

观察日期:2021.9.6
观察时间:8:20—8:50
观察者:小李老师
观察目的:了解班级中幼儿入园后的情绪情况以及哭闹等行为的发生频率。
观察情境初步描述:每天清晨,幼儿入园后由家长送到小一班教室门口,教师会迎接幼儿,并组织幼儿进行自主游戏活动。

时间	幼儿编号	幼儿入园后情绪不安的外显行为表现			
		哭泣	自言自语	黏着教师	不参与游戏活动
8:20—8:22	1号				
8:22—8:24	2号				
8:24—8:26	3号				
8:26—8:28	4号				
8:28—8:30	5号				
8:30—8:32	1号				
8:32—8:34	2号				
8:34—8:36	3号				
8:36—8:38	4号				

时间	幼儿编号	幼儿入园后情绪不安的外显行为表现			
		哭泣	自言自语	黏着教师	不参与游戏活动
8：38—8：40	5号				
8：40—8：42	1号				
8：42—8：44	2号				
8：44—8：46	3号				
8：46—8：48	4号				
8：48—8：50	5号				

备注：在固定观察时距 30 分钟内，对第一组 5 名幼儿同时进行观察。每名幼儿分配时间 2 分钟，其中观察 1 分钟，记录 30 秒，间隔 30 秒。每名幼儿观察 3 次。（行为出现在对应的位置标注√，没有出现就标注×。）

二、运用时间抽样法开展幼儿行为观察的经典研究

在 20 世纪 30 年代，心理学家米尔德里德·帕顿（Mildred Parten）运用时间抽样法开展了一项针对学前儿童游戏中社会性发展水平的经典研究。通过对这项研究的学习，可以系统掌握时间抽样法的运用过程。

第一，帕顿明确了自己要观察的目标行为，即幼儿在游戏中的社会性交往。

第二，确定目标行为后，帕顿将幼儿在游戏中的社会性参与水平由低到高划分为六类，分别是无所事事、旁观、独自游戏、平行游戏、联合游戏与合作游戏，并对这六类水平进行了操作性定义（表 4-2-2）。

表 4-2-2　帕顿的六类幼儿游戏中社会性参与水平的操作定义

类别	幼儿行为表现的参考图片	操作性定义
1. 无所事事		幼儿没有参与任何明显的游戏活动或社会互动，只是看一看此时感兴趣的事情。当没有自己感兴趣的事情时，幼儿就会玩玩自己的身体，到处晃悠，跟着教师走来走去或在某个固定的位置上四处张望。
2. 旁观		幼儿大部分时间看其他幼儿游戏。有时幼儿会与正在游戏的幼儿交谈，有时会问问题或提出一些建议，但并不介入他人的游戏，总是保持在可以与他人说话的距离内，以确保自己能看得见和听得见别人在做什么或说什么。这说明幼儿对某个小组或某些小组有一定的兴趣。他们不像无所事事的幼儿那样对任何小组都不感兴趣，只对当时碰巧发生的令人兴奋的事情感兴趣，而且这种兴趣会经常转移。

类别	幼儿行为表现的参考图片	操作性定义
3. 独自游戏		这是一种游戏活动,幼儿只是独自玩自己的游戏,不与其他任何人一起玩。幼儿保持在可以与他人说话的距离内,玩一些与附近其他伙伴不同的玩具,不接近其他幼儿,也不和他们交谈。幼儿只是全身心地投入自己的活动,并且别人做什么都影响不了自己。
4. 平行游戏		幼儿与其他幼儿离得很近,但幼儿之间仍相互独立。幼儿玩的材料与其他幼儿玩的材料相似,但玩的时候会以自己认为合适的方式来玩,不会受别人影响,也不去影响别人。平行游戏时,幼儿只是在其他幼儿旁边玩,而不是和其他幼儿一起玩。
5. 联合游戏		幼儿与其他幼儿一起游戏,幼儿间会互相分享材料和设备。一些幼儿可能跟随其他幼儿走来走去,一些幼儿可能尝试控制在小组或不在小组里游戏的幼儿,尽管这种控制并不十分坚决。幼儿只是参加一些相似的而不是完全相同的活动,没有明确的组织分工。每个幼儿都是在做自己想做的事情,没有把小组利益放在第一位。
6. 合作游戏		幼儿组成了一个有组织的游戏小组,这个小组有特定的目的。例如,制作某些物品,实现某些竞争目标,或者玩一些正式的规则游戏。幼儿开始具备"我们"的意识,很明确自己属于某一游戏小组而不属于另一个小组。小组内部还会有一两个领导,指导其他人的活动。同时还需要进行分工,小组成员各自承担不同的角色,一个小组成员在努力工作时,其他小组成员都要给予支持。

　　第三,确定时距、时距间隔以及时距的数目。

　　第四,选择记录的方式为检核记录法。

　　第五,设计适宜的记录表格,具体如表 4-2-3 所示。

表 4-2-3　帕顿幼儿游戏中社会性参与水平时间抽样观察表

时间	幼儿代号	活动类型					
		无所事事	旁观	独自游戏	平行游戏	联合游戏	合作游戏

备注:在规定游戏时间里(如 30 秒),每次对每个幼儿(2~5 岁)观察 1 分钟;根据操作定义,判断每个幼儿当时进行何种类型的活动,并计入表中。

三、运用时间抽样法在园开展幼儿行为观察与引导的案例分析

在幼儿园一日生活中,可以根据保教工作需要,合理运用时间抽样法开展观察工作。接下来,以时间抽样法在幼儿集体教学活动中的实际运用过程作为案例进行分析,进一步说明时间抽样法的具体运用。

(一)分析观察背景

在我国幼儿园一日生活的组织中,集体教学活动环节是一个重要的组成部分。尽管随着幼儿园课程改革的推动,幼儿在园进行的集体教学时间越来越少,但集体教学的价值仍受到专家学者和一线教育工作者的认可。在集体教学中,幼儿注意力是否集中、能否认真倾听并理解教师的语言是非常重要的。因此,班级中三位保教人员如果能相互配合,在集体教学环节运用适宜的观察法掌握班级幼儿的学习情况,对于支持幼儿进一步发展、提升教师教学有效性都有重要意义。

(二)明确观察目的

三位教师提供对背景信息的分析,一致认为在集体教学环节中幼儿能否认真听教师讲话,并能听懂教师的常用语言是一个可供观察的重要问题。在此基础上,教师们将观察目的定为:集体教学活动中幼儿注意力集中情况。

(三)确定观察对象

大一班有 30 名幼儿,教师将 30 名幼儿分为 3 组(每组 10 人)进行观察。

(四)撰写观察的目标行为及操作性定义

教师可以将幼儿注意力集中情况的外显行为表现分为两大类,即积极的注意行为与消极的注意行为。

(五)观察总体时间安排

在一周内选择三次集体教学活动时间,每次完成对一组 10 名幼儿的观察任务。

(六)观察具体时间操作安排

在集体教学时间,时距约 30 分钟。结合观察对象的人数,将时间间隔分为每名幼儿 1 分钟(其中观察 30 秒,记录 20 秒,间隔 10 秒用以休息),以此类推对一组 10 名幼儿进行多次观察,确定集体教学活动中的行为特征。观察记录表格设计示例可参见表 4-2-4。

表 4-2-4　集体教学活动中幼儿注意力集中情况时间抽样表

观察日期： 观察时间： 观察者： 观察目的： 观察情境初步描述：									
时间	幼儿编号	集体教学活动中幼儿注意力集中的外显行为表现							
		积极注意行为				消极注意行为			
		认真倾听	按指令做事	回答问题	主动提问	无意倾听	从事无关活动	走神发呆	离开座位
	1								
	2								
	3								
	4								
	……								
备注：在固定观察时距 30 分钟内，对第一组 10 名幼儿同时进行观察。每名幼儿分配时间 1 分钟，其中观察 30 秒，记录 20 秒，间隔 10 秒。每名幼儿观察 3 次。（行为出现在对应的位置标注√，没有出现就标注×。）									

（七）观察记录结果分析

尽管对大一班 30 名幼儿一周的观察统计发现，班级中大多数幼儿能够在教学活动中保持注意力集中，出现的多为积极的注意活动，但也发现有部分幼儿出现了注意力不集中的问题，特别是在集体教学活动进行到 15 分钟后，幼儿普遍出现了注意力分散的问题，消极注意行为明显增多。

（八）对幼儿行为进行引导的教育建议

基于儿童发展心理学的研究可知，大班阶段（5~6 岁）的幼儿，有意注意持续时长约为 10~15 分钟。但幼儿的个体差异较大，对于个人来说，注意力会受到家庭教养方式、幼儿个性特点等多重因素影响。但针对幼儿的行为特点可以采取：对注意力不够集中的幼儿进行一定的行为引导；对性格活泼的幼儿，应逐步引导这类幼儿养成保持安静、耐心做事情的习惯。一开始，教师可以要求幼儿安静 5~6 分钟，然后逐步增加时间，并及时给予正强化。同时，教师也需要注意在班级环境创设时，应尽量减少对幼儿诱惑力强的外在刺激物，减少环境中过于复杂、杂乱的色彩及吊饰等材料，保持相对安静、舒适、整洁的教室环境，尽量减少对幼儿的无关刺激。

知识拓展

积极注意行为包括：

认真倾听——幼儿听课状态良好，坐姿端正，能够全神贯注地专注于教师的讲解活动。

按指令做事——能够听清教师的指令并完成相应的活动要求。

回答问题——能够倾听并理解教师的提问，准确回答教师的问题。

主动提问——听不懂或有疑问时能够主动向教师提问。

消极注意行为包括：

无意倾听——有倾听的倾向，但坐姿不良（如身体倾斜，未正面朝向教师）。

从事无关活动——没有倾听行为，与其他同伴小声聊天或玩闹。

走神发呆——对教师讲的内容不感兴趣，自己呆坐在座位上。

离开座位——对教师讲的内容不感兴趣，直接离开位置。

任务三　运用事件抽样法观察与引导幼儿在园行为

案例导入

　　中三班的保育员小李老师发现：在班级一日生活中，环节和环节的衔接时段，幼儿容易出现打闹、闲聊、无所事事等行为。小李老师去查阅了一些相关的书籍了解到，班级一日生活中环节与环节的衔接时间属于过渡环节。过渡环节是幼儿园一日生活各组成部分的重要衔接，其中渗透着重要的教育价值。但在幼儿园中，过渡环节的教育价值并未如其他四大类活动（运动活动、游戏活动、学习活动和生活活动）那样受到重视。因此，班级中就出现了小李老师发现的幼儿消极等待行为。

　　针对这些问题，小李老师可以选用怎样的观察方法，进一步了解幼儿在过渡环节中的表现呢？小李老师想通过观察活动解决以下问题：班级中存在哪些类型的消极等待行为，幼儿在消极等待过程中会做些什么，以及造成消极等待现象的原因是什么。想要更好地回答上述问题，建议小李老师选用事件抽样法进行观察，围绕幼儿消极等待这个观察目的，有针对性地收集幼儿各种消极等待的事件。在此基础上，小李老师就能够结合观察资料分析幼儿出现消极等待行为的原因，并提升自己的保育工作质量。

任务要求

　　1. 掌握事件抽样法的运用步骤。
　　2. 理解运用事件抽样法开展的经典研究。
　　3. 掌握运用事件抽样法观察与引导幼儿在园行为的策略。

一、事件抽样法运用的一般步骤

　　事件抽样法也是一种正式的观察方法。在时间抽样中，"时间"是核心，而在事件抽样中，"事件"（event）是核心。[1] 尽管两种方法都运用了"抽样"一词，但两者的具体操作程序和结果却截然不同。作为一种正式的记录方法，要进行事件抽样，观察者通常需要经历以下七个步骤。

（一）明确需要观察的是幼儿的哪一类行为事件，即明确观察目的

　　在观察幼儿的情境中，事件就是幼儿的一系列行为，这些行为又分属各个特定的类别。例如，争吵就是一个事件，它是由各种特定的可观察的外显行为构成，如大吵、做出愤怒的面部表情、争执游戏材料归属于谁。当观察到两名幼儿正展现出上述行为，就可以判定这两名幼儿出现了争吵事件。

（二）对观察的一类事件进行操作性的概念界定和类别化

　　即如果需要观察的是幼儿之间的冲突行为事件，教师就需要在这一步对冲突行为进行操作性的概念界定，并对冲突行为进行分类。例如，可将冲突行为划分为语言冲突和肢体冲突，并再一次分别进行操作性的概念界定。

---

[1] ［美］沃伦·R·本特森. 观察儿童——儿童行为观察记录指南[M]. 于开莲，王银玲，译. 北京：人民教育出版社，2008.

（三）明确记录这类事件的方法

在运用事件抽样时，通常选用描述的方法进行记录。因为事件抽样在运用时不仅要记录行为表现或事件本身，还需要把行为或事件发生的背景情况及前因后果完整地记录下来。可以发现：时间抽样法侧重记录在规定时间段内预先选定的行为或事件是否出现、出现的次数及持续的时间；而事件抽样法则侧重记录行为表现或者事件的特点及其发生的全部过程，包括背景条件及其前因后果。

（四）根据上面的步骤设计便于运用的观察记录表格

在设计观察记录表时要注意便利性是第一位的。同时，设计的表格内容要严谨、完整，便于后续整理工作的开展。保教人员的日常工作十分琐碎，一张完整、清晰、规范的记录表才能够真正帮助教师做好观察工作。

（五）在观察情境中等待目标事件出现并进行记录

与时间抽样不同，事件抽样法在操作时确定了目标行为后，观察者只需要在观察情境中等待行为出现即可。但需要注意的是，选择的目标行为和观察情境之间要能够相匹配，否则观察者就会发现该行为出现的频率非常低，不利于观察工作的开展。例如，如果教师计划观察的是幼儿在游戏活动中的分享行为，但教师将观察情境选择在幼儿玩拼图的区角就是不合适的。因为拼图这个游戏鼓励的是幼儿独立对材料进行操作，并不鼓励幼儿之间发生分享行为，教师就有可能在这个观察情境中低估幼儿的分享能力。对于分享行为的观察，最适宜的观察情境应是几名幼儿一起在玩低结构的游戏材料。

（六）对记录结果进行文字编码整理

由于事件抽样法收集的资料多是文字资料，观察者就需要对这些资料进一步编码整理。观察者可以围绕事件的主题和类型有针对性地分析资料，获得目标行为事件发生的原因、情境、性别差异等结论。

（七）完成幼儿行为分析报告并提出指导建议

观察者在最后一步就可以结合上面的分析撰写出有针对性的幼儿行为分析报告，并对幼儿的进一步发展提出指导性建议。

下面以中班幼儿在过渡环节的"消极等待"行为为例，介绍事件抽样法的表格设计方法。

如表4-3-1所示，事件抽样法与时间抽样法在表格上有明显的区别。时间抽样法对于时间间隔的分配是固定且有规律的。对于事件抽样来说，观察者无法预先设计好事件发生的时间。因此，观察者不需要在观察表格中设计固定的时距间隔。例如上述案例中，保育老师选择在早点后的过渡环节观察幼儿的消极等待行为，发现：第一次出现的消极等待行为发生在早上8:45—8:50，第二次发生在8:54—9:02，第三次发生在9:04—9:10。事件抽样法对于时间不会有规律性的要求，观察者只需要在观察情境中等待目标事件出现就进行记录。

表4-3-1　中三班一日生活过渡环节中幼儿消极等待现象的观察记录表

观察者： 观察情境： 观察日期：		开始时间：			结束时间：	
幼儿 编号	幼儿 月龄	幼儿 性别	消极等待行为 的持续时间	消极等待行为 的具体表现	消极等待行为 发生的情境	初步原因 分析
1		.				
2						
3						
4						
……						

二、运用事件抽样法开展幼儿行为观察的经典研究

运用事件抽样法的经典研究案例是美国科学家霍尔·戴维进行的一项关于学前儿童争执行为的研究。霍尔将幼儿之间的争执行为作为观察目标，在幼儿自由活动时间内观察幼儿之间自发的争执事件，并进行完整的描述与记录。

在研究开始之前，霍尔·戴维事先按照争执发生的过程，确定了所要观察和记录的有关争执的六个方面，分别是：①争执的时间长度；②争执发生的背景；③争执时发生的情况；④争执时说些什么、做些什么；⑤结果如何；⑥后果如何。

在此基础上，霍尔·戴维按照观察的具体内容设计了观察记录表，具体如表4-3-2所示。

表4-3-2　幼儿争执事件观察记录表

序号	年龄（月龄）	性别	争执持续时间	发生背景	行为类别	具体行为	结果	影响
1								
2								
3								
4								
……								

在具体观察时，幼儿之间一旦发生争执事件，霍尔就开始计时，仔细观察并记录事件的完整过程。霍尔持续观察了近4个月的时间，他以25~60个月的40名幼儿（其中女孩19名，男孩21名）为对象，观察他们在自由游戏时间中所发生的争执行为。他一共花了58.75小时，观察记录了200个争执案例，平均每小时3.4次。其中，68件发生在室外，132件发生在室内，有13件持续时间在1分钟以上。他的观察研究对考察学前儿童争执发生的原因、场景、频率、年龄、性别差异以及终止争执的有效策略等都有重要价值。

在这一案例之中，抽样的事件是"争执行为"，并对在争执之中的具体行为表现进行了定义，如大声说话、表情愤怒等，若观察中出现了以上行为就进行记录。事件抽样法的重点是"事件"，只要观察中出现对应行为就如实记录，这与时间抽样法中以时间间隔为标准是不同的。

三、运用事件抽样法在园开展幼儿行为观察与引导的案例分析

在幼儿园一日保教工作中，教师经常需要围绕幼儿之间发生的事件确定观察重心。在实践中，事件抽样法比时间抽样法更为便捷。在一日生活中，教师需要关注幼儿与他人的互动程度、游戏方式，如何参与人际交往以及适应集体生活。借助有效观察，教师可以进一步掌握班级中幼儿之间的关系，以及幼儿亲社会行为能力发展的情况。同时，教师能进一步有针对性地调整保教工作策略，引导幼儿适宜行为的持续发展。

下面以教师观察幼儿分享行为为例，详细介绍运用事件抽样法在园开展幼儿行为观察与引导的过程。

（一）明确需要观察的是幼儿的哪一类行为事件，即明确观察目的

分享是亲社会行为的一种表现，是指个体与他人共同享用某种资源。分享行为是幼儿个体亲近

群体,克服自我中心,以关爱同伴的方式获得快乐的一种较高层次的行为。由此可见,幼儿分享行为属于幼儿的一种适宜行为表现。作为教师,可以将了解班级幼儿在同伴交往中的分享行为发展情况作为自己的观察目的。

(二)对观察的一类事件进行操作性的概念界定和类别化

在《中国学前教育百科全书·教育理论卷》中,分享行为是亲社会行为的一种表现,指儿童与他人共同享用物品①。分享行为有不同的分类标准,依据分享行为发生的程度,可以分为:①表面型分享,即在分享行为中,幼儿的分享只停留在给别人看、听、嗅等表面上,没有实质的分享行为。②以交换为目的的分享,即分享行为的发生必须以平等的利益为前提。这类幼儿与同伴进行分享多是为了交换,他们会觉得分享是双方互相交换物品的行为。③完全分享,即与他人进行情感和物质上的分享时,具有利他的性质和目的,是以关爱同伴获取快乐的一种较高层次的行为。完全分享类型的幼儿喜欢分享,觉得分享让自己快乐,也让别人快乐。在这种分类思路下,也可以将分享行为按照外显的表现分为:①自私性分享;②利他性分享。自私性分享也即以交换为目的的分享行为,利他性分享则是一种完全分享,属于较高层次的分享行为。最后,还可以按照分享的意愿将幼儿的分享行为分为:①主动分享;②被动分享。

(三)明确记录这类事件的方法

结合上述对于幼儿分享行为的类型划分,可以采用描述的方法在事件抽样表格中进行记录。记录中重点要将幼儿之间进行分享行为的具体过程记录下来。注意把幼儿分享行为发生的背景情况及前因后果完整地记录下来。

(四)设计观察记录表格

在设计观察记录表时要注意把对幼儿分享行为的描述和对行为类型的分析区分开来。在设计表格时,要始终把方便观察者记录放在第一位。

(五)在观察情境中等待目标事件出现并进行记录

结合观察目的,教师选择在班级区域活动时间对幼儿之间的分享行为进行观察,重点观察区域为积木建构区。

如表4-3-3所示,教师在预先设计好的观察情境,即积木建构区进行现场观察,等待积木建构区中幼儿出现分享行为。一旦出现,教师就开始记录。在表4-3-3中,小李老师一共在积木建构区收集到了两名小班幼儿的三次有效分享事件。在记录过程中,小李老师详细描述了幼儿的行为表现及对话语言。

表4-3-3 小二班积木建构区中幼儿分享行为的观察记录

观察者:小李老师
观察情境:小二班积木建构区,每次可以有四名幼儿进入区域开展游戏。建构区中有丰富的单元积木。幼儿1与幼儿2一起进入建构区,两人位置接近。幼儿3和幼儿4五分钟后进入,在建构区另一侧游戏。
观察重点对象:幼儿1和幼儿2
观察日期:2021.12.1　　　开始时间:10:00　　　结束时间:10:35

---

① 梁志燊.中国学前教育百科全书·教育理论卷[M].沈阳:沈阳出版社,1995.

幼儿编号	幼儿月龄	幼儿性别	分享行为持续时间	分享行为的具体表现	初步编码分析
1	42个月	男	事件1：10:04—10:07	幼儿1从积木架上拿下一筐单元积木，放在自己面前。他从里面拿出长方形积木开始搭，幼儿2靠近幼儿1，他伸手去拿幼儿1身边积木筐里的积木，幼儿1将积木筐拉走。站在一旁的小李老师对幼儿1说："积木要大家一起玩哦。"幼儿1拿了积木筐中最小的三块方形积木递给幼儿2。	教师引导下进行的分享属于被动型分享。
2	45个月	男	事件2：10:09—10:11	幼儿2走到积木架上拿了四块长方形积木，幼儿1看到了对幼儿2说："我需要长方形的。"说着就要去拿幼儿2的。这时幼儿2说："这是我的，我先拿到的。"幼儿1说："我需要的。"幼儿2看了看小李老师，小李老师说："你们可以一起玩，好不好？"幼儿2就把手里的四块长方形积木拿出一块分给了幼儿1。	教师引导下进行的分享属于被动型分享。 给自己留下更多的积木，仅仅把少数积木分享给其他同伴属于自私性分享。
1	42个月	男	事件3：10:17—10:20	幼儿1把五块长方形积木垒高。幼儿1看到幼儿2身边的积木筐里有很多三角形积木。幼儿1对幼儿2说："你给我一块三角形，行吗？"幼儿2说："那你给我一块长方形。"幼儿1把五块长方形积木拿下来一块递给了幼儿2，幼儿2拿起一块三角形的小积木递给幼儿1。	幼儿1和幼儿2都是以得到自己想要的积木为目的进行的分享，属于以交换为目的的分享。 但这次分享没有教师干预，属于主动型分享。

（六）对记录结果进行文字编码整理

针对上述的三名幼儿分享事件，结合到前期对分享行为进行的类型划分，小李老师对两名幼儿的行为表现进行文字编码工作，发现：幼儿1的分享行为包括教师引导下的被动型分享（1次）、以交换为目的的主动型分享（1次），幼儿2的分享行为包括教师引导下的被动型分享（1次）、自私性分享（1次）、以交换为目的的主动型分享（1次）。整体上发现：两名小班幼儿都以教师引导下的被动型分享为主；在建构游戏中更关注自己对游戏材料的操作；对玩具材料的使用主要是自己玩自己的；能按照自己的需要进行简单的材料交换和分享。

（七）完成幼儿行为分析报告并提出指导建议

经过上述的观察分析，教师可以结合对两名幼儿行为表现的编码资料进行分析报告的撰写。在分析报告的撰写中，首先，教师需要注意基于正向的视角看待不同年龄段、不同个性特点幼儿外显的行为表现；其次，教师要善于基于幼儿立场去分析和解读幼儿外显行为的内在心理动机；最后，教师要基于理解、接纳、持续支持的态度设计支持幼儿行为持续发展的策略，也即教育建议。结合上述案例，教师在分析报告的撰写时，可以从以下三个方面展开：

第一，从正向视角分析小班阶段幼儿外显分享行为的特征。小班阶段的幼儿正处于自我中心时期，看待问题较多从自我角度出发，较难主动从他人立场看问题。此外，小班幼儿在与游戏材料的互动中较多停留在操作水平。幼儿更多关注的是自己在对材料操作过程中获得的经验和掌控感。但教师应该明白，这是小班幼儿正常而积极的行为表现，只有在反复操作材料达到熟练的基础上，幼儿之间才会自发地开展更多的意义水平游戏，也即围绕一定的游戏主题开展假装游戏。达到意义水平后，幼儿之间也自然会形成更多的合作游戏。因此，在小班阶段，教师要理解幼儿对游戏材料操作的内在需求,并积极满足幼儿内在需求。

第二,基于幼儿立场分析、解读幼儿外在行为的内在心理动机。从上述案例中能够看到,两名幼儿的外显行为都反映了其对物品占有的强烈愿望。这主要是由于幼儿初入幼儿园,对物品所有权问题还有待进一步的经验积累。在幼儿园中,游戏材料属于大家,随着自主区域游戏经验的积累,幼儿会逐步发现,与同伴共同分享游戏材料,反而能够积累更加有益的游戏经验。

第三,教师要基于理解、接纳、持续支持的态度设计支持幼儿行为持续发展的策略。教师可以通过查阅相关资料进一步了解"被动分享"与"主动分享","自私性分享"与"利他性分享"行为的区别,作为教师需要引导幼儿逐步从被动分享走向主动分享,从自私性分享走向利他性分享。在班级中逐步形成友善的同伴关系氛围,建立凝聚力强的班级文化氛围,以支持幼儿发展。

■ 模块小结 ■

本模块详细介绍了抽样法的含义和适用特点。重点介绍了时间抽样与事件抽样两种重要的抽样观察法。两种抽样观察法都要求观察的幼儿行为是高频发生的。事件抽样法用于专门记录幼儿行为流中的某些特定行为或事件,不要求这些行为和事件是发生在固定时间段内的。但时间抽样法则不同,它要求目标行为必须发生在抽取的时间段内。时间抽样法对幼儿行为发生的频率要求更高。时间抽样法与事件抽样法各有自己的优点与不足,在使用中要结合观察的问题,有目的、有针对性地选择运用。整体上,抽样法在运用中要充分考虑观察的问题,有针对性地进行整体设计,从而科学地收集到关于幼儿目标行为的客观信息,为科学引导幼儿行为做好铺垫。

■ 思考与练习 ■

一、单选题

1. 抽样法适用于观察幼儿的哪种行为?(　　　)

    A. 经常发生或出现的高频行为　　　　　　B. 偶尔发生的低频行为

    C. 幼儿的内隐行为　　　　　　　　　　　D. 普遍性行为

2. 观察者采用时间抽样法进行观察时,需要同时从哪两个维度进行?(　　　)

    A. 事件和行为　　　　　　　　　　　　　B. 时间和事件

    C. 时间和行为　　　　　　　　　　　　　D. 时间和程度

二、判断题

1. 时间抽样法属于一种量化的观察方法。　　　　　　　　　　　　　　　(　　　)

2. 时间抽样法不能记录幼儿行为出现的频率和持续的时间。　　　　　　(　　　)

3. 幼儿行为观察的宗旨是评价、鉴别儿童。　　　　　　　　　　　　　　(　　　)

三、简答题

1. 时间抽样法和事件抽样法的区别是什么?

2. 两种抽样法的优缺点各是什么?

四、实训题——观察案例设计练习

案例：中三班李老师打算对班上的 25 名幼儿进行观察，了解他们在游戏中的社会性参与程度。李老师初步打算利用区域活动时间(每天上午 10:00—10:30)对班上幼儿进行观察。

任务：请结合帕顿的"学前儿童在游戏中的社会性参与程度"研究量表，运用时间抽样的方法，帮助李老师设计观察方案。

■ 聚焦考证 ■

一、单选题

1. 儿童最早玩的游戏类型是( )。①

　A. 练习游戏 　　　　　　　　B. 规则游戏

　C. 象征性游戏 　　　　　　　D. 建构游戏

2. 小班同一个"娃娃家"中，常常出现许多"妈妈"在烧饭，每名幼儿都感到很满足。这反映小班幼儿游戏行为的特点是( )。②

　A. 喜欢模仿 　　　　　　　　B. 喜欢合作

　C. 协调能力差 　　　　　　　D. 角色意识弱

二、论述题

简述角色游戏活动中教师的观察要点及其目的。③

三、材料分析题

1.　　小班入园第二周，王老师发现小雅在餐点与运动后，仍会哭着要妈妈。老师抱她，感觉她身体绷得紧，问她要不要去小便，她摇头。老师又问："要不要去大便?"她点头。老师牵她到卫生间，她只拉一点就离开了。过一会儿，她又哭了。老师给她新玩具，和她玩游戏，但她的情绪还是不好。离园时，老师与她妈妈沟通，了解到小雅在幼儿园拉不出大便。

　　第二天早操后，小雅又哭了，老师蹲下轻声问："小雅是想上厕所了吗?"她点头。老师带她上厕所，她又只拉一点就站起。"老师陪你多蹲一会儿，把大便都拉出来，好吗?"小雅又蹲下，但频频回头。这时，自动冲厕水箱的水"哗"的一声冲出，小雅"哇哇"大哭，扑到老师身上，老师紧紧地抱住她轻柔地说："老师抱着你拉，好吗?"

　　老师将水龙头关小，把小雅抱到离冲水口远一点的位置蹲下，小雅顺利拉完大便。连续一段时间，老师们轮流陪小雅上厕所，并且给予指导和观察小雅的如厕情况，让小雅学会如何使用厕所的冲水装置。小雅开始适应学校的厕所，也露出了久违的笑容。

　　请分析上述材料中教师的适宜行为。④

---

① 2015 年上半年幼儿园教师资格考试《保教知识与能力》试题。
② 2018 年下半年幼儿园教师资格考试《保教知识与能力》试题。
③ 2015 年上半年幼儿园教师资格考试《保教知识与能力》试题。
④ 2015 年下半年幼儿园教师资格考试《保教知识与能力》试题。

2.　　　中班角色游戏中,有幼儿提出要玩"打仗"游戏。他们在材料柜里翻出好久不玩的玩具吹风机当"手枪"、仿真型灯箱当"大炮","哒哒哒"地打起来,玩得不亦乐乎。李老师看到此情景非常着急,连忙阻止:"这是理发店的玩具,不能这样玩。"①

(1) 李老师的阻止行为是否合适? 请说明理由。

(2) 如果你是李老师,你会怎么做?

---

① 2020 年下半年幼儿园教师资格考试《保教知识与能力》试题。

模块五

运用评定法开展幼儿行为观察与引导

模块导读

　　评定法是幼儿行为观察中第三种重要的方法。在实际运用中,评定法既不需要像描述法那样进行细致的文字描述,又具备抽样法的方便、高效。通常评定法可以分为行为检核法和等级评定法两种。评定法要求观察者在观察前根据目标行为涉及的内容设计评定项目,而后运用检核或等级评定的方法依据观察对象的行为进行判断。

学习目标

1. 掌握幼儿行为观察法中两种评定的方法。
2. 运用行为检核法观察与引导幼儿在园行为。
3. 运用等级评定法观察与引导幼儿在园行为。

内容结构

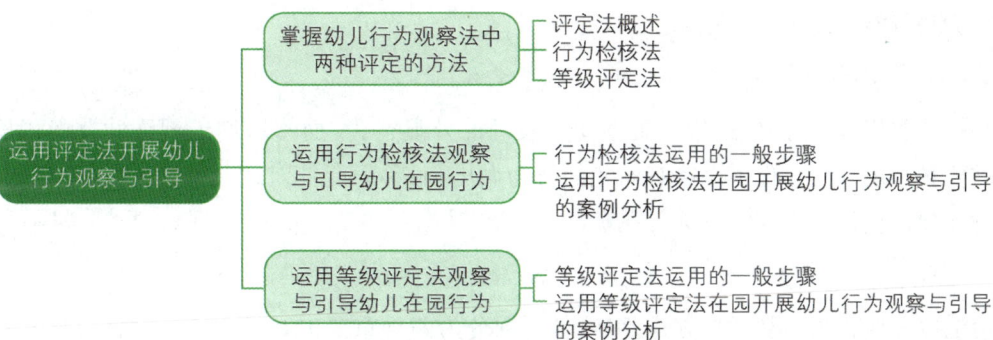

运用评定法开展幼儿行为观察与引导
- 掌握幼儿行为观察法中两种评定的方法
  - 评定法概述
  - 行为检核法
  - 等级评定法
- 运用行为检核法观察与引导幼儿在园行为
  - 行为检核法运用的一般步骤
  - 运用行为检核法在园开展幼儿行为观察与引导的案例分析
- 运用等级评定法观察与引导幼儿在园行为
  - 等级评定法运用的一般步骤
  - 运用等级评定法在园开展幼儿行为观察与引导的案例分析

任务一　掌握幼儿行为观察法中两种评定的方法

案例导入

　　出于对班上幼儿安全和健康的考虑,小张老师和小李老师希望幼儿学习和养成一些基本的健康习惯。因此,她们教给新入园的小班幼儿七步洗手法,并告诉幼儿什么时候需要洗手。经过一段时间,小张和小李老师很想知道班内25名幼儿对七步洗手法的掌握情况,还想了解他们是否会自觉洗手。然后,两位老师商量制订了一份简单的检核表,以确定幼儿是否遵循洗手的程序并能做到自觉洗手。

　　在上述案例中,两位教师通过在盥洗室进行观察并完成幼儿行为的检核表,就能产生一份全班幼儿健康习惯的情况记录表。检核表是评定法中的一种重要记录方法,也是幼儿行为观察中的一种重要方法。

任务要求

　　1. 掌握评定法的含义、使用特点与分类。
　　2. 掌握行为检核法的含义、使用特点、优点与不足。
　　3. 掌握等级评定法的含义、使用特点、优点与不足。

一、评定法概述

(一)评定法的含义

　　在《现代汉语大词典》中,"评定"一词特指"经过评判或审核来决定"。评定是人类依据一定的原则做出判断和决定的重要行为。评定法是一种正式的观察方法,是指按照一定的观察标准对幼儿展现出的行为进行能力评价的方法。

(二)评定法的使用特点

　　与抽样法类似,评定法更适用于观察幼儿展现的外显行为,而不适用于观察幼儿的内隐行为。评定法需要教师在观察过程中迅速对幼儿的行为做出判断,因此针对幼儿外显的、易于做出直接判断的行为才建议教师使用评定法进行观察。

(三)评定法的分类

　　评定法以观察者做出判断的方式差异,可以划分为两种重要的观察方法:行为检核法与等级评定法。整体上,这两类方法都将关注点聚焦在幼儿的外显行为表现上。观察者需要在事先确定好的观察时间内,观察预先确定的目标行为,记录目标行为是否出现或者记录行为出现的等级水平。

二、行为检核法

(一)行为检核法的含义

　　行为检核法(checklist),又称清单法、核查清单法。行为检核法是一种正式的观察方法,可以运用它记录特定情境中幼儿特定行为的发生情况。行为检核表能显示出特定情境中幼儿的一些特定行为是否出现。

　　行为检核法是指观察者将一系列需要观察的行为项目以表格的形式列成清单，并在每一个项目旁边标明关于这些项目是否出现的两种选择，形成合理的行为检核表，观察者运用检核表进行现场观察、判断，并在表格上标注对应记号的评定方法。简而言之，行为检核法是需要观察者列出幼儿特定技能发展、知识习得或行为表现的相关衡量标准，对这些标准的出现与否用"是"或"否"来进行判断的方法。需要注意的是，各检核项目应包含幼儿发展的里程碑事件或幼儿在此领域内亟待发展的核心技能。使用行为检核表可以帮助教师快速获取关于幼儿行为发展的多方面信息。例如，检核班级中幼儿的运动能力、数学能力、健康习惯等。

　　行为检核表在学前教育领域被广泛应用。检核表的种类也有很多，有一些不太容易被识别，但实际上也是行为检核表。例如，"丹佛测验"（如表 5-1-1 所示）中就提供了幼儿在四个发展领域中多种行为的发展常模。它还为测验者提供了一系列可以引发幼儿特定语言、认知、动作反应的提问、指令和行动。测验者考察幼儿能否回答这些问题并按要求行动，然后将幼儿的行为表现与其对应年龄的发展常模对照。与此类似，幼儿教师如果想要考察班里幼儿发展了哪些特定的技能，如谁能单脚跳、谁能连续拍球至少 5 下、谁能一一对应点数到 10，就可以用检核表来考察一个刚入园的幼儿和其一段时间后的技能发展情况。

表 5-1-1　幼儿发展常模检核表

幼儿姓名：　　　　　　　　幼儿月龄：　　　　　　　　幼儿性别：
观察者：　　　　　　　　　观察日期：

检核题项	是	否
1. 用 3 块拼图拼图		
2. 用剪刀剪东西		
3. 在分别遮住左右眼的情况下，捡起罐头或纽扣		
4. 在画架上画线条、圆点或圆圈		
5. 能揉捏、拍打、挤压和拉伸黏土		
6. 用手指而不是拳头握蜡笔		
7. 拼 8 块（或更多）拼图		
8. 用黏土塑造有两三个部件的造型		
9. 用剪刀剪曲线		
10. 用螺丝钉将穿了洞的物品固定在一起		
11. 剪切和粘贴简单图形		
12. 画一所简单的房子		
13. 模仿折纸 3 下		
14. 写一些大写字母		
15. 模仿画正方形		
16. 画一个简单的、可辨认的图画（如房子、狗、树）		
17. 会系鞋带		
18. 写大写字母		
19. 模仿写大小写字母		
20. 能沿边缘线剪下图片		
21. 使用铅笔刀		

（续表）

检核题项	是	否
22. 模仿沿对角线把正方形的纸折两下		
23. 在纸上写名字		
24. 大球滚到身边时能踢一脚		
25. 手臂交替、动作协调地跑 10 步		
26. 蹬三轮车约 1.5 米远		
27. 在别人推动后荡秋千		
28. 爬上或滑下 1.2 米~1.8 米的滑梯		
29. 能前翻滚		
30. 双脚交替上楼梯		
31. 双手接住从 1.5 米远扔来的球		
32. 从最底下的一级台阶跳下		
33. 爬梯子		
34. 双脚交替滑步		
35. 在平衡木上行走		
36. 改变方向跑步		
37. 向前跳 10 次不摔倒		
38. 向后跳 6 次不摔倒		
39. 拍、接大球		

（二）行为检核法的使用特点

行为检核法是高度结构化的，它记录的是特定情境中幼儿特定行为的发生情况。"特定行为"意味着教师在观察开始前就要明确将在观察情境中检核的特定行为项目，设计好检核表。"特定情境"是指检核表中至少有一些行为会发生在特定的场景和情境下。例如，如果检核表的内容涉及的是幼儿的大肌肉运动能力，那么理想的做法是在这种行为最有可能发生的情境中观察它们，如户外的大型攀爬区、户外游戏时间等。这样可有效地提高观察效率。

勃兰特（Brandt，1972）指出，检核表非常适合在以下情况使用：不需要观察多个不同行为；所观察行为很容易归入特定类别并与其他类别互相排斥；观察者感兴趣的行为很容易被观察到[①]。幼儿教师可以使用行为检核表观察、评价、记录与反思幼儿的发展与进步。

1. 观察幼儿的发展

教师可以使用行为检核表观察幼儿特定的发展领域，或某一具体领域中幼儿某种行为能力的发展情况。教师既可以为班级中每名幼儿设置一份检核表，也可以聚焦特定任务设置一份针对所有幼儿的单页检核表，以观察班级中全部或者多名幼儿完成某项任务的情况。

下面分别以幼儿个体行为检核表和全体幼儿行为检核表为例，介绍这两种表格设计的思路。

（1）幼儿个体行为检核表

中班的小李老师计划使用现有的学前儿童动作发展检核表，关注一下班级中几名不太喜欢参与运动活动的幼儿。查找资料后，小李老师选择使用"威廉姆斯学前儿童动作发展检核表"（表 5-1-2）对幼儿默默的动作发展情况进行观察。

---

① ［美］沃伦·R·本特森. 观察儿童——儿童行为观察记录指南［M］. 于开莲，王银玲，译. 北京：人民教育出版社，2008.

表 5-1-2　威廉姆斯学前儿童动作发展检核表①

指导语:仔细观察儿童在不同情境中每项技能的表现,就其每项动作技能的表现情况回答以下问题。

幼儿姓名:　　　　　　　　幼儿性别:　　　　　　　　幼儿月龄:

观察者:　　　　　　　　　观察日期:

项目	题目	检核结果		解读
		是	否	
技能一:跑	1. 儿童起跑、停止或转弯时有困难吗?			如果四个问题中有三个问题的答案为"是",那么儿童在跑这一动作技能上可能存在发展迟缓的问题
	2. 儿童是用全脚掌奔跑(把身体重心放在整个脚上)吗?			
	3. 儿童奔跑时脚尖朝外(外八字)吗?			
	4. 儿童是左右摆臂吗?			
技能二:接球	1. 儿童是直直地伸出胳膊去接球吗?			就3岁儿童而言,教师如果对问题2、3、4和5的回答均为"是",就请密切关注该儿童与接球有关的动作发展。就5岁儿童而言,如果教师对任何问题的回答均为"是",那么该儿童可能在接球方面存在发展迟缓的问题
	2. 儿童用手臂、手和身体整个把球抱住吗?			
	3. 接球时,儿童的头扭向一边,不敢看球吗?			
	4. 儿童让球从伸出去的胳膊上反弹回去吗?			
	5. 儿童只能接住从近距离(不到1.5米)弹过来的球吗?			
	6. 儿童没有观察或目光追随飞行的球吗?			

(2)幼儿全体行为检核表

中班的小李老师计划设计一份行为检核表(表 5-1-3),观察班级所有幼儿在区域游戏时间选择区域的情况。

表 5-1-3　中班幼儿区域参与行为检核表

指导语:仔细观察幼儿在区域活动时间对班级区域的参与情况,根据幼儿姓名(编号)直接在对应区域名称下打"√"。

观察者:　　　　　　　　　观察日期:

幼儿编号	社会游戏区	阅读区	美工区	建构区	益智区	音乐区
1	√					
2	√					
3			√			
4				√		
5						
6				√		
7						
8			√			
9				√		
……					√	

初步分析:经过两周的观察,阅读区和音乐区选择的幼儿较少;女孩多倾向选择美工区和社会游戏区,男孩多倾向选择建构区。

引导策略:针对上述观察分析结果,教师需要对阅读区进一步调整,同时还需要在美工区和建构区投放材料时考虑性别因素。

---

① [美]玛丽安·玛丽昂.观察:读懂与回应儿童[M].刘昊,张娜,罗丽,译.北京:中国轻工业出版社,2021.

2. 评价、记录和反思幼儿的进步

由于行为检核表在使用时非常方便,且检核的项目内容是稳定的,教师可以多次使用,用于追踪幼儿行为的发展变化。一般来说,教师针对幼儿在特定的发展领域或某一具体领域中某种行为能力的发展情况可以在学期初、学期中、学期末进行三次追踪检核记录。通过对三个阶段收集的观察数据进行比较,教师就能有效掌握每一名幼儿的进步情况。

(三)行为检核法的优点与不足

1. 行为检核法的优点

① 方便易用。行为检核法可以在多种不同情境中使用,还可以和其他的观察方法一起使用。与描述法不同,行为检核法可以把复杂的描述性信息变成一个简单的标记或符号,对观察者的描述技巧、计时能力要求都不高,能让观察者快速且有效地记录幼儿某些行为是否出现,操作起来简便易行,可综合,可比较,可量化处理。

② 提供幼儿行为发展的"基线"信息。通过行为检核法,教师可以快速获得班上幼儿某些行为发展的"基线"信息。教师可以把幼儿发展的"基线"信息与随后观察获得的同类检核表记录作比较,以揭示随时间流逝而产生的发展或行为变化。教师也可以依据这些信息来评估所进行的教育干预产生的效果。

③ 省时省力,能进一步帮助教师明确需要深入观察的幼儿行为。行为检核表可以帮助教师节省许多时间和精力,特别是当教师对班级幼儿的基本情况不够了解时,通过检核表的运用可以快速获得班级幼儿某些行为能力发展的基本情况,并在此基础上进一步确定需要对幼儿的哪些行为、技能等继续做详细的观察和引导。

2. 行为检核法的不足

行为检核法也有明显的局限性,教师在具体使用时应结合自己的观察目的,综合运用多种观察法,扬长避短。

① 行为检核法最大的不足是其封闭性。检核表会将原始的数据缩减成符号,用符号来说明特定行为是否发生。对于观察过程中幼儿展现的突发行为,检核法都会选择忽略。

② 行为检核法记录的是一些行为片段,缺乏所观察行为的详细细节、发生情境等背景资料。因此,观察者要结合自己的观察目标谨慎选择每一种观察记录的方法。

③ 行为检核法容易出现信度误差的问题。首先,观察者自身容易出现内部信度误差。也就是说同一个观察者多次使用一份检核表时,可能会出现对行为的判断结论不一致。其次,观察者之间出现信度误差。也就是说两名及以上的观察者运用同一份检核表观察同一个幼儿时,出现对行为的判断结论不一致。针对上述两种情况,就要求观察者在制订行为检核表时,对于检核表列出的类别要经过仔细的界定,并证明其可靠性,对于行为的描述要足够清晰、准确。

三、等级评定法

(一)等级评定法的含义

等级评定法也被称为评定量表,是一种重要的正式观察方法,是指观察被观察者的行为后,对其行为表现所达到的水平进行评定,并可判断行为质量高低的一种方法。等级评定法是对标准的横向描述,范围包括从无到有,从早期发展到后期发展,从简单到复杂。同样是针对幼儿动作发展能力的观察记录(如表5-1-4),但其与行为检核表之间有明显区别。与行为检核法类似,等级评定法关注的也是幼儿所出现的一些特定的行为表现。不同的是,等级评定法中观察者不仅评定幼儿某种行为是否出现,而且要将幼儿的行为表现按其完成程度划分等级,评价其质量和水平。

表 5-1-4　4 岁幼儿运动技能发展等级评定表

幼儿姓名：　　　　　　　幼儿月龄：　　　　　　　幼儿性别： 观察者：　　　　　　　　观察日期：					
运动技能	优秀	很好	好	中等	差
能沿一条直线行走（在地上的带子或粉笔线指引下）					
能单脚跳					
能熟练、自信地蹬踏和操纵有轮子的玩具；能转弯和避开障碍物					
能爬台阶、梯子、树和游戏器械					
能跳过 13 厘米～15 厘米高的物体或从一个台阶上跳下，双脚一起着地					
能毫无困难地跑、起步走、立定和躲开障碍物					
能举手过肩地投球					
……					

（二）等级评定法的使用特点

等级评定法和行为检核法相似，但它们的基本目标不同。行为检核法主要表明幼儿某种行为是否出现，不需要做出任何其他判断。等级评定法则需要说明个体在某个领域的表现具有什么样的性质，因此等级评定量表要比简单的行为检核表更加复杂。

通过检核表，只能表明幼儿"某种行为"是否出现。例如，关注午餐环节幼儿能否独立进餐。在这一情境中，检核表能帮助观察者了解幼儿能否独立进餐；等级评定法不但可以检测幼儿能否独立进餐，而且可以检测幼儿独立进餐的娴熟度。观察者在使用等级评定法时，就可以按照幼儿独立进餐的熟练程度进行区分。

等级评定法在使用时一定要注意前期设计好合适的评定指标，用以作为判断幼儿在某一领域发展水平的参照标准。当观察者需要对幼儿的行为水平做精确区分时，观察评定的难度也就会相应增加。例如，当教师想要设计一个等级评定量表来检测幼儿的社交倾向性或与他人相处的能力时，需要假定幼儿的社交倾向具有某种"量"上的差异。因此，教师需要按照社会倾向的不同程度或不同相对量来判断，如非常好交际、中等好交际、不好交际。在实际使用中教师会发现，观察中的难点就在于如何区分不同量之间的差异程度。比如，如何确定某名幼儿是"非常"好交际还是"中等"好交际？

等级评定量表在设计时有三种主要形式，分别是迫选评定量表、数值评定量表、图形评定量表。下面以"幼儿参与游戏材料整理情况"作为观察主题，运用三种评定量表依次进行设计。

第一，针对"幼儿参与游戏材料整理情况"设计迫选评定量表，如表 5-1-5 所示。

表 5-1-5　"幼儿参与游戏材料整理情况"迫选评定量表示例

幼儿姓名： 观察日期： 观察地点：
从下列选项中圈出对幼儿参与游戏材料整理情况的描述： ❖ 不参与整理积木 ❖ 除非教师严格要求，否则继续玩自己的玩具 ❖ 仅在教师监督时参与整理 ❖ 没有教师监督时，也能参与整理

第二，针对"幼儿参与游戏材料整理情况"设计数值评定量表，如表 5-1-6 所示。使用数值评定量表时，教师需要把目标行为按照达成度进行分解，并为每一个选项分配一个数字。教师可以在多

次观察后,计算出幼儿行为达到的平均稳定水平。

表 5-1-6 "幼儿参与游戏材料整理情况"数值评定量表示例

幼儿姓名: 观察日期: 观察地点:
从下列选项中圈出对幼儿参与游戏材料整理情况的描述。 1 不参与整理积木 2 除非教师严格要求,否则继续玩自己的 3 仅在教师监督时参与整理 4 没有教师监督时,也能参与整理

　　第三,针对"幼儿参与游戏材料整理情况"设计图形评定量表,如表 5-1-7 所示。图形评定量表要求观察者对某些行为做出判断,然后以从高到低的等级记录进行判断。

表 5-1-7 "幼儿参与游戏材料整理情况"图形评定量表示例

幼儿姓名: 观察日期: 观察地点: 说明:通过在横线上的适当位置标记来为幼儿在每一项的表现进行评价。					
	总是	经常	偶尔	极少	从不
1. 不参与整理积木					●
2. 除非教师严格要求,否则继续玩自己的玩具					●
3. 仅在教师监督时参与整理				●	
4. 没有教师监督时,也能参与整理			●		
备注: 总是:观察期间至少出现四次; 经常:观察期间出现三四次; 偶尔:观察期间出现两三次; 极少:观察期间只出现一次。					

(三)等级评定法的优点与不足

1. 等级评定法的优点

　　① 等级评定法便于观察者进行操作。当观察者把表格设计好后,依据观察的实际情况选择幼儿行为的表现程度进行记录即可。

　　② 等级评定法便于观察者对观察结果进行整理。已收集记录的数据材料通常保存为符号或数字形式,不用花费较多时间和精力即可完成数据处理。

2. 等级评定法的不足

　　在使用等级评定法时需要由观察者主观判断、评定,因此容易出现以下两个方面的错误。

　　(1)评定者本身的错误

　　第一,由于主观偏见,观察者在评定时可能会出现高估或低估幼儿行为水平的现象。第二,观察者之间可能出现对等级评定表中所用术语理解不一致而造成观察者之间的信度不一致问题。第三,观察者在等级评定时容易出现选项集中的现象。观察者为了避免在评定中过于极端,大多采取选择中间答案而造成观察存在误差。第四,观察者可能会出现"月晕"现象,也即在进行等级评定时,观察者受到不完全相关因素的影响,导致不正确的判断。第五,观察者出现逻辑错误,将两项近似但不完全相关的项目评定为一致。

（2）等级评定表方面的错误

观察者在设计等级评定表时可能会出现词语表述不清楚、操作性定义不清晰的问题，这样也容易影响评定结果的客观性。

整体上，评定法是一种十分快捷、高效的观察方法。但是在具体使用中，这种方法存在的缺点也应得到重视。教师在具体使用的过程中可以通过以下方法增强行为检核表与等级评定表的功能。

第一种方法：将行为检核表或等级评定表与轶事记录或叙述性描述结合使用。尽管教师填写行为检核表或等级评定表的方式十分快捷，但表格上幼儿行为的具体表现是缺乏支撑性证据的。教师可在日常带班过程中，结合轶事记录或叙述性描述的记录资料填写评定表，并将这些文字性资料与量化表格中的数字资料有效衔接，形成关于幼儿行为发展的完整性记录。将两类方法组合使用，会比单独使用检核表或等级评定表发挥更好的作用。

第二种方法：在行为检核表或等级评定表上增加"评论""观察日期"和"观察情境摘要"的内容。通过增加上述内容，教师能够对自己观察到的行为进行简单的备注记录，也能够看到自己在不同时间段针对观察的行为项目得出的不同结果。教师可以基于这些信息进行有意义的追踪研究。

任务二　运用行为检核法观察与引导幼儿在园行为

案例导入

小班的悠悠今年 3 岁 2 个月，午餐环节时，每次吃饭拿起勺子舀饭都会弄得满桌子都是，同组的其他 3 名幼儿则能较平稳独立地使用勺子进餐。面对这种情况，保育老师小李老师有些着急。她参考了《指南》中小班幼儿"能熟练地使用勺子吃饭"的发展目标，通过自编"幼儿用勺进食动作能力检核表"并在一周内多次对悠悠进行观察后，初步认为悠悠在动作发展特别是精细动作发展上比同龄幼儿落后，需要进一步的行为引导。

手部动作灵活协调是学前儿童健康领域中的重要发展指标，对幼儿实现生活上的自理、心理上的自立都有重要意义，上述案例中的小李老师就使用了行为检核法对幼儿行为进行了有目的的观察和引导。

任务要求

1. 掌握行为检核法的运用步骤。
2. 掌握运用行为检核法观察与引导幼儿在园行为的策略。

一、行为检核法运用的一般步骤

在日常的保教工作中，行为检核法是一种便捷又高效的观察方法。一线保教人员通过系统掌握行为检核法的运用步骤，能够快速收集到幼儿大量相关行为，从而提高保教质量。因此，掌握行为检核法的具体运用过程是十分重要的。具体来看，行为检核法的运用可以分为七步。

（一）确定要进行观察的幼儿目标行为

使用行为检核法时，要在观察开始前明确观察目标。需要注意：行为检核法只适合观察特定情境下幼儿某类外显行为是否出现。

（二）围绕已经确定的目标行为设置检核题项

明确了观察的目标行为后，需要根据观察目的划定此次检核的核心内容，并围绕观察目标分解相应的幼儿外显行为表现。在设置检核题项时通常应该按照从易到难的顺序进行。例如，教师希望对幼儿数学能力进行检核，那么就需要围绕"数学能力"这一观察目标将幼儿需要展现出的行为能力按照由易到难的顺序设置题项。

（三）明确行为检核的观察场地

研究者需要根据观察目的确定适合进行行为检核的观察场地。如果教师计划检核的内容涉及幼儿身体或大肌肉运动，那么理想的观察场地应该是大积木区、户外运动场。如果教师计划检核的是幼儿精细动作的发展，那么理想的观察场地应该是美工区、益智区。

（四）设计适宜的观察表格

完成上面的步骤后，就可以设计便于记录的观察表格。表格设计要清晰规范，其中的文字表述也要非常准确，不能让判断者产生歧义。

（五）运用检核表收集幼儿信息

教师在使用检核表时既可以在观察现场完成，也可以结合日常的轶事记录在观察结束后再填写检核表中的内容。编制行为检核表时要注意以下指导原则：①观察开始前，应清晰地界定行为；②观察开始前，应准备好检核表；③确保行为检核表中的行为具有适当的特殊性；④有逻辑地组织检核表；⑤确保检核表有助于达到预期的观察目的。

（六）对检核表中的数据信息进行统计分析

在设置行为检核表时，每一个题项对应的答案只有两种选择。因此，在对检核表中的数据进行分析时，采用的是量化的数据统计思路。通常需要对检核表中不同题项幼儿达成的比率进行统计分析。

（七）给出有针对性的教育建议

结合对检核表中每一个题项的数据分析，教师需要提出有针对性的教育建议。由于行为检核表可以快速获得班级中全部幼儿的发展数据，因此便于教师整体上把握班级幼儿各个领域的发展情况，有针对性地设计多种教学活动。

二、运用行为检核法在园开展幼儿行为观察与引导的案例分析

观察幼儿行为在评估幼儿需求中起着非常重要的作用。在教室的自然环境中，观察幼儿行为可以帮助教师获取有关数据，并可与其他数据（来源于父母的信息）进行对比，以更好地理解幼儿。

下面以"运用行为检核法对幼儿不适宜行为（感统失调）进行的观察与引导"为例，呈现与分析行为检核法的运用。

（一）分析观察背景

辰辰是一名中班男孩，月龄是 52 个月。在日常班级生活中以及辰辰妈妈的描述中，发现辰辰存在感统失调的问题。主要不适宜的外显行为表现在做事慢、效率低、平衡能力差、好动不安、注意力不集中等方面。辰辰班级中的三位教师决定对其进行持续的观察与行为干预，以帮助辰辰更好地发展。

（二）设置检核题项

根据辰辰的情况,教师借助"前庭平衡觉失调行为检核表"设置了具体的检核题项。

（三）明确行为检核的观察场地

三位教师根据检核表中的项目将观察场地选定在户外运动区、室内建构区、益智区、美工区。

（四）设计适宜的观察表格

三位教师结合辰辰的实际情况对"前庭平衡觉失调行为检核表"进行语言表述上的调整,对原表格[①]中存在歧义的词汇进行了更换,设计出表 5-2-1。此外,为了更好地掌握辰辰的行为表现,教师们在检核表后增加了一列内容,专门用来记录幼儿具体的行为表现。

表 5-2-1　幼儿前庭平衡觉失调行为检核表

观察对象：　　　　　性别：　　　　　月龄： 观察时间：　　　　　观察地点：			
项　　目	是	否	具体行为表现记录
1. 好动不安,注意力不集中			
2. 做事慢,效率低			
3. 敢爬高,不敢走平衡木			
4. 观测距离不准,左右分辨不良,方向感不明			
5. 图形辨识能力差,对拼搭积木不敏感			
6. 协调能力差,动作笨拙,笨手笨脚			
7. 语言发展缓慢			
8. 大幅度运动中易头晕或久转不晕			
9. 写错字、写反字或串行			
10. 看书跳字跳行,阅读能力不佳			
11. 写字不在框内,笔画经常颠倒			
12. 看书容易眼睛酸,可以长时间看电视			
13. 到新的地方容易迷路,方向感不强			
14. 排队做游戏容易踩到同伴的脚			
15. 平衡能力差,容易跌倒			

（五）运用检核表收集幼儿信息

三位教师配合完成了在室内外多个观察场景中对辰辰行为表现的观察记录。

（六）对检核表中的数据信息进行统计分析

三位教师对辰辰的行为表现检核表进行了数据汇总统计。

（七）给出有针对性的教育建议

结合对检核表的数据统计,教师认为辰辰存在一定程度上的"感统失调"。感觉统合即身体的所有感官将信息传入大脑,通过大脑、神经系统的整合作用,指挥身体内外作出的反应,是感觉学习和运动学习的良好互动。辰辰后期需要家园合作帮助其更好地发展。

保教人员需要注意的是,即使通过观察发现了幼儿行为中存在着的一些不适宜行为,但仍要注

---

① 杨兴国,黄程佳.幼儿观察与评估[M].北京:首都师范大学出版社,2019.

意,不可以直接给幼儿贴负面标签。保教人员在观察中若发现了幼儿的问题,要学会保护幼儿,把幼儿的权益放在第一位。保教人员在观察中的发现应是支持幼儿成长的第一步,若在观察中发现了幼儿尚不具备的技能,应该寻求适宜的方法帮助幼儿。

任务三 **运用等级评定法观察与引导幼儿在园行为**

案例导入

　　中班的小李老师发现,班级中的果果总是喜欢一个人玩。区域游戏时,果果只喜欢自己在阅读区看书或是在美工区做手工。小李老师很少发现果果主动与同伴交流,除非其他幼儿主动来找果果。小李老师知道同伴之间的健康交往对幼儿的社会性、语言及情绪发展都有重要的意义。因此,小李老师决定采用"幼儿与同伴社会互动等级评定表"对果果与同伴的互动水平进行观察评价,从而找到最优的引导策略。

　　上述案例中的小李老师使用了等级评定法这一重要观察工具对果果的行为进行有目的的观察引导,从"主动发起活动""主动邀请同伴游戏""与同伴分享玩具""将玩具让给同伴先玩""主动与同伴交谈"五个互动维度制订观察项目,并将这五个同伴互动维度按照"总是""常常""偶尔""很少""从不"五个水平设计等级评定量表实施观察。

任务要求

　　1. 掌握等级评定法的运用步骤。
　　2. 掌握运用等级评定法观察与引导幼儿在园行为的策略。

一、等级评定法运用的一般步骤

　　对某事物作等级评定是赋予该事物一定的价值或性质的过程。等级评定法是幼儿园保教工作中一种重要的观察工具,可以运用它来测量或者记录幼儿表现出的特定技能、能力、行为、个性特征等的相对程度,系统掌握等级评定法的具体运用过程是十分重要的。与行为检核法不同,等级评定法需要说明个体在某个领域中的表现具有怎样的性质。具体来看,等级评定法的运用可以分为七大步。

(一)确定要进行观察的幼儿目标行为

　　与行为检核法一致,使用等级评定法时也要在观察开始前明确观察目标。而且等级评定法也只适合观察特定情境下幼儿某类外显行为展现的程度。

(二)围绕已经确定的目标行为设置评定的题项

　　明确了观察的目标行为后,教师需要根据观察目标确定此次评定的核心内容,并围绕观察目标分解相应的幼儿外显行为表现。等级评定表中的语句应简单、明了,尽量使用短而容易理解的语句来进行表达。例如,"案例导入"中小李老师关注的是幼儿的同伴关系问题。但同伴关系实质上是一个结果性的状态。即,当成人评价某名幼儿的同伴关系好或糟糕,这已经是一种结果性的状态了。对于教师来说,通过行为观察重要的是去掌握幼儿形成某种同伴关系的过程性原因。基于此,小李老师需要从"主动发起活动""主动邀请同伴游戏""与同伴分享玩具""将玩具让给同伴先玩""主动与同伴交谈"五个互动维度制订观察项目表,依次考察幼儿在这五个项目中展现出的行为状态。这五个互动维度是同伴互动的过程,也是最终形成同伴关系不可或缺的过程。

（三）明确行为评定的观察场地

与行为检核法一致,等级评定法也需要明确观察的具体场地。观察者需要根据观察目的确定适合进行行为检核的观察场地。

（四）设计适宜的观察表格

等级评定表在制作上与行为检核表有明显的区别。最简单的行为检核表只能表明某种行为是否出现,但等级评定表不但可以检测幼儿某种行为是否出现,还可以进一步检测幼儿行为达到的娴熟程度。这就意味着,等级评定表在制作过程中需要观察者在每一个评定题项后设计等级差别。一般来说,在极端情况下,当等级划分得太过精细时,观察者容易出现看不到区别的情况。另一方面,如果等级划分太笼统或者没有区分度,那么等级评定表也无法有效或精确地记录幼儿之间的能力差异。因此,等级评定表的结构化程度较高。观察者"不仅要界定将观察的行为类别,而且要清楚地界定根据哪些特征来判断幼儿行为技能的各种水平或程度"①。

（五）运用等级评定表收集幼儿信息

与行为检核表一致,教师在使用等级评定表时既可以在观察现场完成,也可以结合日常的轶事记录在观察结束后再填写等级评定表中的内容。

（六）对等级评定表中的数据信息进行统计分析

对等级评定表中的数据进行分析时,也适合运用量化的数据统计思路。教师需要对等级评定表各个题项中幼儿行为的能力差异进行统计分析。

（七）给出有针对性的教育建议

结合对等级评定表中每一个题项的数据分析,教师需要提出有针对性的教育建议。通过等级评定表可以快速获得班级中全部幼儿的发展数据,便于教师整体上把握班级幼儿各个领域的发展情况,有针对性地设计多种教学活动。

二、运用等级评定法在园开展幼儿行为观察与引导的案例分析

多彩光谱项目源于美国哈佛大学和塔夫茨大学的一个联合研究和课程开发项目。多彩光谱项目组提供了一些现成的评价工具用于评价幼儿的发展,包括一系列等级评定表。某幼儿园大三班的三位教师在了解了多彩光谱项目后,决定选用其中一个子项目的等级评定表来观察班级中幼儿的动作发展水平。

下面,以"运用等级评定法对幼儿大肌肉动作发展情况进行的观察与引导"为例,呈现与分析等级评定法的运用。

（一）分析观察背景

大班幼儿动作发展,特别是大肌肉动作发展的难度与要求在提升,整体掌握班级幼儿的大肌肉动作发展水平,有利于教师进一步创设有挑战性、有吸引力的户外运动项目。

（二）设置具体的等级评定题项

在多彩光谱项目中可通过障碍活动课程来评价幼儿的这几项运动技能——力量、敏捷、速度和

---

① ［美］沃伦·R·本特森. 观察儿童——儿童行为观察记录指南［M］. 于开莲,王银玲,译. 北京:人民教育出版社,2008.

平衡。因此,三位教师根据多彩光谱课程中的观察评价内容设置了题项。

(三)明确进行行为等级评定的观察场地

三位教师根据观察的目标行为在户外场上创设了评价四类粗大动作技能发展的场地,并准备了相应器材。

(四)设计适宜的观察表格

三位教师参阅了多彩光谱方案中的评价标准进行表格设置,见表5-3-1。每一个运动技能项目都被划分为三个水平。

表5-3-1 幼儿大肌肉运动能力等级评定表

观察对象: 观察时间:	性别: 观察地点:	月龄: 观察者:	
项目一:平衡木			**判断结果**
水平1:很难保持平衡;常常从平衡木上滑落;需要抓着成人的手;动作迟疑,有试探性;可能只是拖着脚步移动;身体僵直			
水平2:保持平衡有点难,采用试探性的方法,但是能用策略重新保持平衡;为避免跌倒,可能从平衡木上滑落或在平衡木上摇晃;双脚交替或者拖着脚步移动,或者两种情况都出现			
水平3:前进中可以保持平衡;走直线,不犹豫;眼睛看着前方;交替使用双脚;身体相对放松			
项目二:障碍跑			
水平1:在障碍物前迟疑;不能设法靠近障碍物或碰倒、撞倒障碍物,抑或两种情况都出现;不能控制四肢;交换方向时笨拙而缓慢			
水平2:以中等速度绕过障碍物,略微迟疑;尽量靠近障碍物,但可能碰倒、撞倒障碍物;四肢有时失控			
水平3:绕过障碍物时速度快,不迟疑;靠近障碍物时未碰倒、撞倒障碍物;四肢紧靠身体;能够快速而准确地转换身体位置和运动方向			

(五)运用等级评定表收集幼儿信息

三位教师相互配合完成表5-3-1中的评定内容。

(六)对等级评定表中的数据信息进行统计分析

教师需要对等级评定表中不同项目下幼儿的能力差异进行数据汇总统计。教师可以先完成某名幼儿个人所有项目的等级评定表(表5-3-2),再对全班幼儿的发展情况进行汇总。

表5-3-2 幼儿大肌肉运动能力等级评定汇总表

观察对象:小赵 观察时间:2021.9.18	性别:男 观察地点:户外运动场	月龄:5岁5个月 观察者:李老师	
项 目	能 力	水 平	备 注
1. 跳远	力量	3	
2. 平衡木	平衡	2	
3. 障碍跑	敏捷	3	灵活迅速、动作优雅
4. 从高处跳	平衡	3	
5. 跨栏	力量/敏捷	3	
6. 最终冲刺	速度	3	非常快(出色)
说明:这一观察评定结果支持了从其他来源获得的关于小赵动作技能的信息,他是班级中动作最快、最敏捷的幼儿之一。			

（七）给出有针对性的教育建议

通过观察发现，小赵的运动技能发展整体优势明显。在日常班级生活中，小赵也一直积极参与户外运动游戏，对教师提供的新运动器械也愿意参与练习。小赵特别喜欢走平衡木，他与其他幼儿相处得很好。在未来，教师可以更好地发挥小赵对其他同龄幼儿的引领作用，发挥同伴支架作用，还可以鼓励小赵与其他幼儿多参与一些合作性的运动游戏。

模块小结

本模块详细介绍了评定法的含义和使用特点，重点介绍了行为检核法与等级评定法两种重要的观察方法。两种观察法都要求观察的幼儿行为是外显的，而且观察者应在正式开始观察前明确需要评定的具体项目。行为检核法能显示出特定情境中幼儿的一些特定行为是否出现。等级评定法中，观察者不仅评定幼儿某种行为是否出现，而且要将幼儿的行为表现按其完成程度划分等级，评价其质量和水平。

整体上，评定法是一种十分快捷、高效的观察方法。但是在具体使用中，这种方法存在的缺点也应被重视。教师在具体使用的过程中可以通过一定的策略来增强行为检核表与等级评价表的功能。

思考与练习

一、单选题

1. 评定法适用于观察幼儿的哪种行为？（   ）

　　A. 外显行为　　　　　　　　　　　　B. 偶尔发生的低频行为

　　C. 内隐行为　　　　　　　　　　　　D. 普遍性行为

2. 等级评定法的缺点是？（   ）

　　A. 较为客观　　　　B. 较为详细　　　　C. 非常便捷　　　　D. 存在主观偏见

二、判断题

1. 等级评定法又称为清单法。　　　　　　　　　　　　　　　　　　（   ）

2. 行为检核法是低结构化的。　　　　　　　　　　　　　　　　　　（   ）

3. 观察者使用等级评定表时需将幼儿的行为表现按其完成程度划分等级水平。　　（   ）

三、简答题

1. 简述行为检核法的优点与不足。

2. 简述等级评定法的使用特点。

四、实训题——观察案例设计练习

案例：大三班李老师打算对班上 30 名幼儿的精细动作发展水平进行观察。李老师初步打算利用区域活动时间（每天 10：00—10：30），在美工区中对班上幼儿进行观察。

任务：请运用等级评定法帮助李老师设计观察方案。

聚焦考证

一、单选题

1. 在婴儿表现出明显的分离焦虑对象时,表明婴儿已获得( )。①

　　A. 条件反射观念　　　B. 母亲观念　　　C. 积极情绪观念　　　D. 客体永久性观念

2. 1.5～2 岁的幼儿使用的句子主要是( )。②

　　A. 单词句　　　　　　B. 电报句　　　　C. 完整句　　　　　　D. 复合句

3. 按皮亚杰的观点,2～7 岁的儿童思维处于( )。③

　　A. 具体运算阶段　　　B. 形式运算阶段　C. 感知运动阶段　　　D. 前运算阶段

二、材料分析题

　　李老师第一次带中班,她发现中班幼儿比小班幼儿更喜欢告状。教研活动时,大班教师告诉她说中班幼儿确实更喜欢告状,但到了大班,告状行为就会明显减少。④

　　(1) 请分析中班幼儿喜欢告状的可能原因。

　　(2) 请分析大班幼儿告状行为减少的可能原因。

---

① 2014 年下半年幼儿园教师资格考试《保教知识与能力》试题。
② 2014 年下半年幼儿园教师资格考试《保教知识与能力》试题。
③ 2014 年下半年幼儿园教师资格考试《保教知识与能力》试题。
④ 2018 年上半年幼儿园教师资格考试《保教知识与能力》试题。

模块六

幼儿适宜行为观察与引导

模块导读

　　幼儿适宜行为对幼儿良好个性品质的养成具有重要意义。在本模块的学习中,将了解到幼儿适宜行为的内涵、特点、产生因素及常见类型,以及如何运用观察法有效识别和引导幼儿适宜行为中的分享行为、合作行为和专注行为。对于保教人员来说,能够根据适宜行为的不同类型和特点,运用恰当的观察方法进行有效识别和引导,是一项专业且必要的技能。

学习目标

1. 了解幼儿适宜行为的内涵、特点、产生因素、常见类型。
2. 熟悉和了解幼儿分享行为、合作行为和专注行为的特点及影响因素。
3. 能够运用观察记录有效识别与引导幼儿的分享行为、合作行为和专注行为。

内容结构

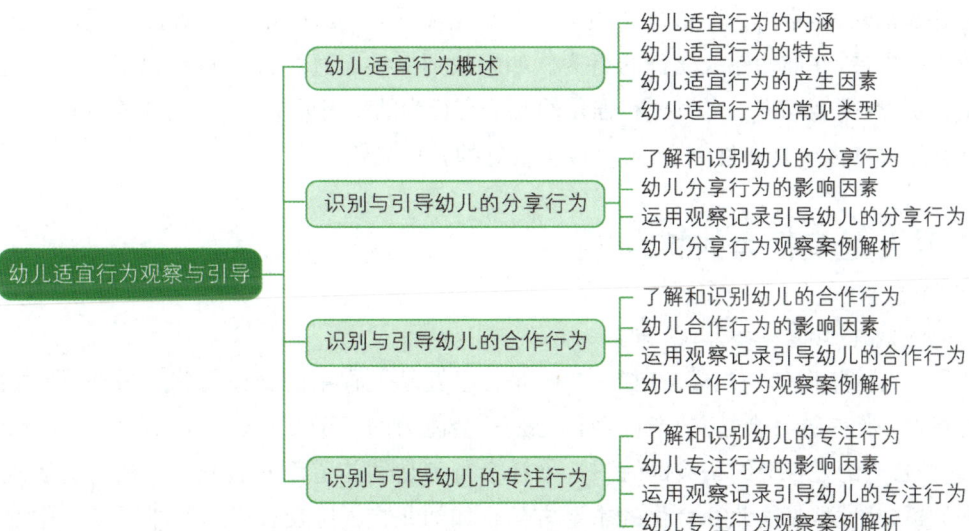

任务一 幼儿适宜行为概述

案例导入

　　午餐时间到了,大二班的幼儿正有序地排着队从保育老师手中接餐盘,然后将饭菜端回自己的桌子上。东东将餐盘放下时,汤汁不小心洒在了餐桌上,还溅到了一旁的洋洋手臂上。东东有点不知所措,小心地说道:"对不起。"这时,洋洋从衣服口袋里掏出了两张餐巾纸,一张递给东东,一张擦拭干净自己手臂上的汤汁,并笑着对东东说:"没关系。"东东用餐巾纸擦拭好桌上洒落的汤汁,并走到垃圾桶前,将餐巾纸丢进去,然后回到座位,和洋洋一起开心地吃起了午餐。

　　作为保教人员,面对东东和洋洋的做法应如何处理呢? 幼儿在成长的过程中,会表现出很多适宜行为,这些适宜行为对幼儿的身心发展具有促进作用。保教人员应学会识别、观察和记录幼儿的适宜行为,并给予适时的肯定、引导和鼓励。

任务要求

　　1. 了解什么是幼儿的适宜行为。
　　2. 掌握幼儿适宜行为的特点、产生因素及主要类型。

一、幼儿适宜行为的内涵

　　幼儿的行为是指幼儿在主客观因素影响下而产生的外部(外显)活动。适宜是指符合实际情况或客观要求,侧重指与相应的情况或要求相适应。幼儿的适宜行为是指幼儿做出的符合所处情境客观要求的外显活动,显示出一种亲社会倾向。即幼儿在认知、交往、情感等方面显现出的积极的、能促进个体身心发展,并能使他人受益的行为。如果教师能够通过观察了解和识别幼儿的适宜行为,并及时给予引导,则能够进一步发挥和强化幼儿适宜行为的积极效应,帮助幼儿养成良好的个性,进而培养幼儿正确的人生观和价值观,最终取得良好的教育成效。

二、幼儿适宜行为的特点

(一)积极性和亲社会性

　　幼儿适宜行为指向的是积极正向的方面,是社会互动过程中的交往行为。另外,幼儿适宜行为的重要特点之一便是亲社会性。"亲社会行为是社会能力的一个要素,与自私和攻击性等反社会行为相反,它们代表的是社会的积极价值"[①]。亲社会行为是幼儿道德发展萌芽期的行为表现,是幼儿道德发展的最初阶段,是幼儿社会化的重要方面。如幼儿在人际交往、游戏、学习活动中的合作、沟通、互助、谦让、配合、协商等行为,都具有亲社会性的特质。

---

　　① [美]马乔里·J·克斯特尔尼克 等.儿童社会性发展指南理论到实践[M].邹晓燕,等译.北京:人民教育出版社,2009.

（二）自利性和自觉性

幼儿做出的适宜行为往往是一个自发的过程,幼儿通过对个人或他人的积极行为,获得鼓励、赞赏和肯定,这些正向的反馈能够让幼儿获得满足感,有助于幼儿的身心健康发展。例如安慰行为,当幼儿对他人的不良情绪进行安慰时,不仅能让对方获得关注,得到情绪的宣泄,还让幼儿自身无形中学会了一定的情绪调节办法,并能收获友谊,懂得与他人维护良好关系。而这些行为一般是幼儿自觉进行的,并且在这个过程中幼儿自身也获得相应的利益,因而进一步推动了幼儿社会性的良好发展。

（三）利他性和互惠性

幼儿适宜行为的积极性和亲社会性、自觉性和自利性,往往带来利他性和互惠性。幼儿在规范自身行为、帮助他人、与他人合作的过程中,能够为个体带来成就感、愉悦感,也为受助者带来积极和快乐的体验,这一过程,便是利他和互惠的过程。幼儿生活活动中的分享行为、游戏活动中的合作行为、学习活动中的专注行为、社会交往中的谦让行为等,这些适宜行为能够促进行为双方社会性的发展以及语言能力、学习品质的提升,达到良好的互利互惠发展效果。

三、幼儿适宜行为的产生因素

（一）幼儿良好社会性的发展

庞丽娟、颜洁(1997)指出,儿童社会性发展包括社会性情感的发展、社会性认知的发展与社会性交往行为、能力和人际关系的发展等[①]。作为构成幼儿个体发展三大主题之一的社会性发展,是幼儿身心和谐发展的重要方面。幼儿早期的社会性发展非常迅速,若幼儿的社会性在这一时期不能良好健康地发展,将严重影响其人际交往、心理发展和社会适应性,导致各种情绪及行为问题,容易引发攻击、破坏等偏差行为的产生,最终导致反社会人格的出现。幼儿0至6岁这一阶段,是其社会性发展的重要阶段。当这一阶段的幼儿社会性得到良好发展时,幼儿的身心也将得到和谐发展,人格也将逐步完善,进而能够有效地促进换位思考、尊重他人、富有同情心、懂得与同伴分享合作等适宜行为的产生。

（二）幼儿认知能力的提升

皮亚杰认为道德是一个不断发展的过程,儿童的道德认知发展是由他律阶段逐渐过渡到自律阶段的,因此提出了儿童道德发展的阶段论。这个过程是随着儿童的认知能力的发展而不断成熟的。皮亚杰认为幼儿的认知能力是道德发展的基础,在认知能力发展的过程中,儿童会以不同的速度按照这个固定的顺序通过每一阶段,他们不能越过某一阶段,也不会反向发展[②]。当幼儿从最初的感知运动阶段慢慢过渡到前运算阶段时,幼儿的思维有了质的飞跃,幼儿的认知能力也有了进一步的发展,克服了自我中心单一性,由单向尊重转向相互尊重和合作,幼儿正确的道德价值判断、健康的道德情感也随之产生并形成,从而增加适宜行为产生的几率。

（三）榜样的示范、强化

幼儿时期是纯真美好的,是养成良好道德规范、奠定人格基础的重要时期。幼儿认识世界的方式是简单的,幼儿的学习往往通过观察、模仿、感知操作等方式完成,班杜拉的观察学习理论指出,幼儿能够从观察别人的行为中进行学习,而学习的行为是否表现出来又受到奖励或惩罚的制约。当幼儿观察到某种行为得到鼓励、奖励、表扬等正向反馈时,便会趋于做出同样的行为。因而,榜样的示

---

① 庞丽娟,颜洁."教师与儿童社会性发展"之二:论教师指导儿童社会性发展的原则[J].学前教育研究,1997(3):15,19—20.
② 赵丹.皮亚杰儿童道德培育的研究[D].重庆:西南大学,2011.

范和强化是幼儿适宜行为产生的重要因素。

（四）积极的环境氛围

1. 物质环境

良好的物质环境,包括秀丽的自然风光、社区绿化、幼儿园建筑中适宜的装饰、设备及各类材料的选择、搭配和充足的光照、良好的通风、优美的音乐等,还包括家庭环境中合理的布局、宽敞温馨的环境。当幼儿身处舒适且符合其身心发展特点的物质环境中时,会心情舒畅、情绪平稳,适宜行为发生的频率也随之升高。

2. 精神环境

（1）良好的家庭氛围

父母是孩子的第一任教师,良好的家庭氛围和亲子关系以及科学的教养方式,能够让幼儿得到足够的爱与安全感,进而为幼儿健全人格、乐观个性等的养成打下基础,也让幼儿在耳濡目染中不断学习如何关心、帮助和爱护他人。

（2）幼儿园良好的育人氛围

幼儿园良好的育人氛围包括和谐的师幼关系、同伴关系以及有效促进幼儿身心健康发展的教育理念、园所特色课程等,这些良好育人氛围能够使幼儿积累积极的人生体验,学会与同伴交往,养成良好的修养和品行,并外显为适宜行为。

（3）良好的社会氛围

正向的社会环境、先进典型人物事迹的宣传、良好的社会舆论和社会思潮,会让幼儿在积极、健康、向上的社会环境中得到真善美的熏陶,进而形成正确的人生观、世界观、价值观。

四、幼儿适宜行为的常见类型

幼儿适宜行为的类型是丰富多样的,能够识别不同类型的适宜行为并及时进行观察记录、强化引导,对幼儿健全心智的发展具有重要意义。幼儿适宜行为的常见类型主要包括四种。

（一）分享行为

分享行为属于亲社会行为,是在某一特定的场合,一方能将自己的物品或已知经验赠予另一方,或两人共同使用的行为。主动发起分享行为的一方称作分享者,接受分享的幼儿称为被分享者。幼儿的分享行为是由被动分享向主动分享慢慢转化的,也是幼儿适宜行为的一种类型。幼儿的分享行为受年龄特点、性别差异等因素的影响,是随着年龄的增长而增长的。如小班幼儿还处于社会性发展的初级阶段,还不完全具备主动分享的行为能力,因而小班幼儿的分享行为一般是在成人的引导下进行的;大班幼儿更愿意主动和他人分享食物、玩具等。但无论哪个年龄阶段,都会出现被动分享的现象,因而学会识别和引导幼儿的分享行为,让幼儿明白分享行为的意义并体验主动分享的快乐,是幼儿成长过程中不可忽视的重要部分。另外,幼儿分享行为在生活活动、学习活动、游戏活动、运动活动等多个环节都会出现,在生活活动中更为常见。

（二）合作行为

合作行为是幼儿之间社会交往的一种方式,是幼儿亲社会行为的基本表现之一,是幼儿在游戏过程中通过和谐分工、相互配合与协调,保证游戏活动顺利进行的行为[①]。合作行为多见于幼儿的游戏活动,小班幼儿合作意识不明显,多以平行游戏为主,需要教师进行一定的关注和引导才会出现更多的合作行为;中班幼儿的合作意识有了进一步发展,合作行为逐渐增多。幼儿的合作行为往往发

---

① 姚丽佳.体育游戏中培养幼儿合作行为的指导策略研究［D］.兰州:西北师范大学,2015.

生在交往良好的同伴之间,在交往过程中他们会遵循一定的规则,通过合理分工来协调相互之间的关系。成人应积极关注和观察幼儿的合作行为,并能针对不同发展阶段的幼儿采取适宜的教育应对策略,如通过开展游戏活动、观察记录辅助等方式,切实帮助和引导幼儿增强合作意识,提升社会交往、语言表达及社会适应等多种能力。

(三) 专注行为

专注力是重要的学习品质,是个体注意力高度集中于某一事物或活动时的心理状态,对幼儿一生的发展具有重要意义。幼儿的专注行为是学习活动或游戏活动中常见的适宜行为,如幼儿在专心听故事、专心看书、安心绘画、专心玩游戏、专心参与活动等。专注行为是幼儿进入深度学习的主要表现,幼儿专注行为持续的时间越长,其注意的广度及稳定性就越好。运用观察记录识别和引导幼儿的专注行为,加强家园合作,及时调整教学环境及策略,能够持续延长幼儿的深度学习时间,提升其自我调控及自我监督能力。

(四) 谦让行为

谦让行为指幼儿在与他人互动过程中,当互动双方因某种共同喜爱或需要的物品、角色、空间、位置等资源发生冲突时,一方主动满足或优先满足对方意愿的亲社会行为[①]。

幼儿的谦让行为主要表现为两种形式:言语型的谦让行为和非言语型的谦让行为。前者是指幼儿以语言为手段,附带表情、姿势、目光、动作等的谦让行为;后者是指幼儿单纯借助表情、姿势、目光、动作而不伴有语言的谦让行为方式。此外,也可按照谦让动机分为功利型谦让行为与非功利型谦让行为。前者指幼儿为达到一些目的,如获得教师的赞扬、同伴的认可或满足自己的意愿等,而做出的谦让行为;后者则指幼儿发自内心的真心实意而无任何外在动机与目的的谦让行为。

谦让行为也属于亲社会行为中的一种类型,是个体优良品格的体现,是幼儿良好社会性发展的产物。谦让作为幼儿适宜行为的常见类型之一,能够帮助幼儿获得良好的人际关系和社会适应能力,有助于幼儿获得同伴支持,也利于幼儿自我保护。谦让与分享不同,分享是将自己拥有的东西赠予别人共享。谦让则属于让步,是自愿将自己喜欢的物品让给他人而使自己受到损失。学会识别和懂得幼儿谦让行为背后的心理动机、尊重幼儿的选择并科学引导,创设谦让的情境,能够促进幼儿谦让行为的正向发展。谦让行为的观察与引导同分享行为、合作行为及专注行为有很多相似之处,因此不再以专门的任务呈现。

任务二　识别与引导幼儿的分享行为

案例导入

中一班的幼儿在进行春游活动,每个幼儿都从家里带来了美味的食物。保育员小刘老师正帮助幼儿们整理餐垫,突然传来了一阵欢笑声。小刘老师循声望去,是明明和红红在拍着小手唱歌呢。小刘老师上前了解到,原来是明明从家里带了一块美味的蛋糕,红红想吃又不好意思说,明明看到红红偷偷看了好几次蛋糕,便掰了一半递给红红。红红一边吃着,一边说:"明明,太好吃了,谢谢你!"说完还递给明明一根香蕉,两个小伙伴开心地唱起了歌谣。小刘老师说:"今天来春游开心吗? 你们今天和好朋友分享了美食,快乐多了一倍哦,真了不起!"

---

① 刘晶波,王任梅.5~7岁幼儿谦让行为的界定及其总体特征分析[J].早期教育(教师版),2007(10):7—9.

只要细心观察,不难发现幼儿的分享行为在日常生活中随处可见。案例中的保育员小刘老师在春游活动中发现了幼儿的分享行为并及时关注,给予了幼儿语言上的鼓励,进一步强化了幼儿的分享行为。作为保教人员,应学会观察、识别和引导幼儿的分享行为,并抓住教育契机引领幼儿成长。

任务要求

1. 了解和识别幼儿的分享行为。
2. 掌握观察和记录幼儿分享行为的步骤。
3. 能够运用观察记录引导幼儿的分享行为。

一、了解和识别幼儿的分享行为

分享是亲社会行为的表现之一,幼儿的分享行为是由被动分享向主动分享慢慢转化的,幼儿的分享行为一般包含三种类型。

(一) 物质层面的分享行为

幼儿物质层面的分享,主要指将个人的玩具、书籍、食物等具体的东西赠予同伴,或与同伴一起享用。如幼儿将喜爱的图画书带到幼儿园与好朋友一起阅读,将自己的零食分享给他人,将玩具赠送同伴等行为,都属于物质分享。物质分享体现了幼儿适宜行为的利他性和自利性,幼儿能够在分享的过程中获得满足感,并进一步促进亲社会能力的发展。

(二) 精神层面的分享行为

幼儿精神层面的分享一般指情绪情感的分享,是幼儿心理活动的外在体现。幼儿将自己内心的快乐、悲伤、喜悦、害怕等积极或消极的情绪传递给他人,同时在这一过程中获得他人的认同、鼓励、安慰等,这对幼儿学会感知和调控自己的情绪以及个性、待人处事的态度、社会交往能力都有积极的提升作用,也对幼儿身心的健康发展意义重大。

(三) 经验层面的分享行为

经验的分享,是幼儿将自己的经历进行再加工,提炼出精华部分讲述给他人的一种行为。例如,玩游戏的经验,如何设计游戏、制订规则;做家务的经验,如洗碗、扫地、晾衣服的方法、步骤;如何正确刷牙、如何穿脱衣物;面对地震、火灾等险情如何应对;面对陌生人的搭讪如何有效规避风险等。这些经验层面的分享不仅强化了幼儿的已有经验,还能增强生活技能、提高安全意识,并促进认知能力的发展。

二、幼儿分享行为的影响因素

(一) 幼儿认知水平的差异

幼儿的身心发展水平影响其认知能力,因而幼儿在不同的年龄阶段对分享的概念有不同的理解。例如,小班幼儿分享的观念相对较弱,中班幼儿慢慢懂得分享并且分享行为逐渐增多。随着心理的发展和年龄的增长,幼儿的分享行为呈现增长的趋势。

(二) 幼儿所处的环境

幼儿的分享行为会受到所处的物理环境及精神环境的影响,当幼儿处于光线明亮、温度适宜的空间时,心态趋于平和,更易安静和放松,相较处于嘈杂喧器、黑暗逼仄的环境中更易发生分享行为;当幼儿所处的环境充满温暖和爱的氛围感、师幼关系和同伴关系和谐时,也可以促进分享行为的发生。

（三）照护者的专业能力

斯金纳的操作学习理论认为，人的大部分行为是操作性的，行为的习得与及时强化有关，幼儿的行为可以通过强化来塑造。在幼儿表现出分享行为之后，照护者如能给予及时的回应及强化，如拥抱、微笑、激励性的言语等，可以增加幼儿分享行为发生的频率。因而，照护者的神态、言语及有效回应等，也是影响幼儿分享行为的重要因素。

三、运用观察记录引导幼儿的分享行为

照护者能够了解、识别和引导幼儿的分享行为，对幼儿的成长至关重要。根据幼儿不同的表现以及时间、空间的差异，运用不同的观察方法进行记录和引导，是了解及强化幼儿分享行为的重要途径。

（一）观察开始前的准备

在日常保教活动中，当发现幼儿的分享行为时，保教人员可以有目的地收集相关资料，对幼儿此类行为进行观察。在实施观察与记录之前，可以按照以下 4 个步骤完成观察的准备。

1. 明确观察目的

为了了解幼儿的分享行为，保教人员可以依据幼儿分享行为的出现时间、场景、对象、影响因素、行为表现、互动语言等方面制订具体的观察目标。在聚焦观察目标时，可以考虑以下问题：①幼儿在什么时候、什么地点发生了分享行为？例如，幼儿的分享行为是出现在任何时间不可预测，还是出现在一日生活的某些固定环节，如在进餐、盥洗环节出现；幼儿的分享行为是出现在任何地点不可预测，还是出现在室内或室外，这类行为是固定在某一区域出现吗？②幼儿是和谁进行分享的？为什么会出现该分享行为？行为表现如何？使用怎样的互动语言？③幼儿出现分享行为的频率如何？④幼儿最常出现的分享行为类型是什么？

2. 选择观察方法

为了达成观察目的，需要根据不同观察方法的特点选择合适的观察记录方法。分享行为常见于进餐、阅读、游戏等活动，比较适合运用轶事记录法、抽样法、日记法以及制作个人档案袋持续记录等。

3. 定义目标行为

保教人员须完成目标行为的操作性定义以清楚地界定目标行为的范围。分享行为通常包含物质分享、精神分享、经验分享等方面，保教人员需要在定义目标行为的时候懂得识别不同的分享行为并进行记录。例如：区域游戏时间，愿意把自己的玩具、图书、画笔、作品等借给同伴或者和同伴一起玩，指的是物质分享；区域自主游戏时，与他人分享自己的想法、心情、开心或伤心的事等，指的是精神分享；区域自主游戏时，自愿与教师或同伴分享自己的游戏玩法、秘密、经历等，指的是经验分享。

4. 选择观察情境

在明确观察目的、选择合适的观察方法、定义目标行为之后，观察者须选择可以获得目标行为相关信息的观察情境和地点，主要考虑在什么时间、什么地点、什么情境下出现的行为符合观察目的以及便于实施观察记录。在观察记录的过程中，可以根据实际情况进行调整，若该行为无特定情境则可以自由观察。例如，进餐、自主阅读、区域游戏等环节易出现分享行为，保教人员可先在前期进行持续观察，再根据观察到的最新情况及时调整观察时间、地点、情境等。

此外，保教人员还需要根据观察的需求准备相应的工具，包括纸笔、计时工具，还可以借助录音机、相机、录像机等工具。同时，根据观察特点或是个人习惯可以准备相应的表格协助记录。

（二）运用观察法收集幼儿分享行为的资料

当观察者做好观察前的准备之后，下一步就可以获取相应资料了。

1. 实施对幼儿分享行为的观察记录

针对幼儿的分享行为,保教人员可以采用描述法与抽样法相结合的方法进行记录,主要包括:

① 分享行为的五个基本问题,即人物、事件、时间、地点、情境。

② 分享行为的类型,包括物质分享、精神分享、经验分享等。

③ 分享行为的具体经过,观察幼儿具体做了什么、怎么做的,说了什么、怎么说的。

④ 行为发生的情境脉络,分享行为是在哪里发生的,互动的过程是怎样的。

⑤ 该行为的后续事件,即分享行为出现之后还发生了什么事。

⑥ 进行连续性记录,针对幼儿分享行为的观察记录并非只有一次,需要在一段时间多次对幼儿的分享行为进行记录,追踪其出现的频率及稳定性。

2. 获取关于幼儿分享行为的其他信息

幼儿分享行为的产生因素较多元,观察的对象也较多,可根据实际需要通过不同渠道获取相应信息以更好地识别和引导幼儿的分享行为。

① 家长访谈。将幼儿的行为观察资料进行整理,制作幼儿成长档案,并及时与家长沟通,了解幼儿分享行为在家庭中出现的频率及主要类型。

② 同伴访谈。通过与幼儿的同伴沟通来获取相关的信息。

③ 其他教师访谈。保教人员可以和其他教师积极沟通,共同探讨幼儿的观察记录笔记及幼儿平时的分享行为。

(三) 整理资料分析幼儿分享行为的成因

美国学者布朗芬布伦纳所提出的生态系统理论指出,儿童是在受外部环境多层次影响的复杂关系系统中长大的,包括从即时环境到广阔的文化价值观、法律和习俗。该系统理论由近及远分成微系统、中系统、外系统、宏系统四个层次,对儿童的影响也从直接到间接。因而在分析幼儿分享行为的成因时,不能够仅仅停留在微系统上,还要考虑与其联系紧密的其他生态系统,如幼儿园、家庭的作用。定时整理幼儿分享行为的观察记录表,并进一步对收集到的资料进行反复分析与归纳。幼儿分享行为的成因可归纳为内部因素和外部因素两方面,内部因素主要受年龄、性别、气质影响,而外部因素则包括家庭、地域、教师、同伴关系等。

(四) 针对幼儿分享行为的引导策略

1. 创设有效的环境

保教人员可以为幼儿创设适宜的物质环境,为幼儿提供分享的平台,增加幼儿的分享机会;也可以为幼儿创设和谐的心理环境,促进其社会性发展,引导幼儿与他人分析并及时肯定其分享行为。

2. 树立积极的分享榜样

在学前儿童社会性的发展中,家长、教师、同伴的榜样作用起着至关重要的作用。可通过树立分享行为的榜样形象,并对榜样采用鼓励、表扬、奖励等形式进行正面强化,让幼儿自觉模仿榜样的行为,以形成分享行为。例如,教师可以在与幼儿一起玩耍时,先将玩具借给他玩,再向他借其他玩具;家长可以让幼儿戴妈妈的丝巾、穿爸爸的鞋子,同时让幼儿拿出一些物品进行分享,让幼儿在"给"和"拿"的实践过程中学会与他人分享。家园双方应就强化幼儿分享行为策略达成共识,商议出在幼儿园及家庭中的实施策略。当幼儿出现分享行为时,教师和家长要及时给予强化,表扬和称赞幼儿:"你真棒!"

3. 移情训练

移情是通过引起幼儿自身的情绪体验,迁移体验,在情感支配下自觉行动。移情能够使幼儿在学习过程中变得主动、积极,其行为是自己做出的,不是单纯的模仿。移情训练是一种旨在促进幼儿体察他人的角色,从而与之产生共鸣的训练方法。很多研究证实,移情能力强的幼儿表现出更多的分享行为。移情训练的方法有三种:第一种是讨论分享事件。如向幼儿讲述有关分享行为的故事,引导其展开讨论,讨论的目的是让幼儿理解分享行为的意义和感知分享过程中不同人的内心体验。第二种是体验分享情感。让幼儿在现实环境中真实地体验作为分享者和被分享者的内心情感,引导他们说出自己真实的内心体验:作为分享者,当让别人分享时,体察别人是什么心情;当不让别人分享时,又体察别人是什么心情和表现;当自己是被分享者,谈谈自己没有得到别人的分享,而自己又有得到分享的强烈欲望时,心里是什么感受;当获得别人的分享时,心里又有什么感受。在幼儿有了这些体验的基础上,引导幼儿正确地认识分享行为。第三种是交换体验(角色互换体验)。创设情境让幼儿做某一物品的所有者,之后的很短时间内又做另一物品的被分享者,即互换角色体验。目的是让不愿分享者深刻意识到等待分享和没有被分享时的消极感受,以纠正其行为。

(五)持续追踪引导策略的有效性

针对幼儿分享行为的引导策略实施之后,应持续进行观察与记录,进一步了解幼儿分享行为持续发展情况,并整理记录内容以了解实施策略是否有效。持续实施有效的引导策略,放弃无效引导策略,能够有效保障幼儿适宜行为出现的稳定性。

四、幼儿分享行为观察案例解析

案例

保育员梁老师刚刚到幼儿园参加工作,为了更好地了解班上幼儿的情况,梁老师对大一班的幼儿进行了分享行为的观察。因班上30名幼儿性格各异,为了更全面地了解幼儿的分享行为,梁老师综合运用描述法、抽样法观察并记录了幼儿在不同事件背景下的分享行为。

(一)观察开始前的准备

1. 明确观察目的

梁老师可以结合以下问题明确自己的观察目的:①观察大一班哪些幼儿产生了分享行为;②记录一日生活的哪些具体环节、具体活动或者活动室的哪些区域出现了分享行为;③记录幼儿分享行为发生时用来彼此沟通所使用的特殊语言是什么;④分析出现的分享行为属于哪种类型。

2. 选择观察记录方法

根据观察目的,选择轶事记录法、抽样法进行观察记录。

3. 准备观察工具

为了保证对幼儿分享行为次数以及持续时间进行详细的观察记录,梁老师准备了纸笔、手表、录像机等观察工具,并设计了记录表。

梁老师选定了生活活动及区域活动作为主要的观察情境:在进餐活动时,观察记录全体幼儿的分享行为;在区域活动时,则对幼儿的分享行为进行个别观察和记录。梁老师发现,每天观察到的幼儿都不一样,分享行为也不同,于是,梁老师做了多份轶事记录表,用于观察和了解大一班每天发生的分享行为。

(二)运用观察法收集分享行为的资料

1. 采用多种方法实施行为观察与记录

如表6-2-1,梁老师采用轶事记录法在每日班级生活中对幼儿行为进行记录,整理了幼儿分享行为的相关案例。

表 6-2-1　幼儿分享行为轶事记录表

记录者:梁老师　　　　日期:2022.1.7　　　　环节:生活活动
今天午睡起床后,幼儿们整理好了各自的被褥枕头。在帮彤彤绑头发的时候,我发现彤彤的皮筋不见了,便问道:"还有哪位小朋友有多余的皮筋吗?"涵涵和萱萱听到后,走到物品放置架,打开书包,拿出了一袋皮筋,递给我,说:"老师,我们这里有,各种颜色的皮筋都有。彤彤,你喜欢什么颜色呀?"说完,便继续整理自己刚穿好的衣服。彤彤接过皮筋,对涵涵和萱萱说:"谢谢,我都很喜欢,绑好头发后,我和你们一起玩。"
记录者:梁老师　　　　日期:2022.1.8　　　　环节:区域活动
洗手喝水后,幼儿们开始了区域活动。他们纷纷选择自己喜欢的区域,兴高采烈地玩起来。在表演区,露露穿上收银员的服装,戴上帽子,拿出零钱盒,准备开始"买卖"活动。小雨拉着云云的手,要购买玩具。准备付钱时,小雨一摸口袋,说:"哎呀,我忘记带钱了。"云云说:"没关系,我有两个'硬币',把一个给你。"小雨和云云一人拿着一个"硬币"递给露露,露露收下"硬币"将玩具递给了小雨和云云。
记录者:梁老师　　　　日期:2022.1.9　　　　环节:游戏活动
木木在建构区搭建"城堡",准备封顶的时候,发现少了一块圆柱体。于是,他走到明明旁边,用手比画了一下,问道:"明明,你还有这么大的圆柱体吗?"明明看了看身边剩余的材料,回答道:"这里有一块,这么大可以吗?"木木说:"我拿回去试一下。"木木将圆柱体拿回去,放到"城堡"顶端,刚好合适! 他高兴得跳了起来,过来拉起明明的手,邀请他去参观自己的"城堡"。

通过类似表 6-2-2 所示的记录,梁老师对大一班幼儿的了解加深了。在对大一班幼儿进餐环节中的分享行为进行观察记录的过程中,梁老师发现,有些幼儿的分享行为特别频繁,在有些幼儿身上会偶尔发生,有些幼儿则从未被观察到分享行为。

表 6-2-2　运用时间抽样法观察大一班幼儿午餐活动中的分享行为

观察日期:2022.1.12
观察时间:11:30—12:00
观察者:梁老师
观察目的:了解班级午餐活动中分享行为的发生频率。
观察情境初步描述:每天中午,幼儿有序排队领取午餐,并将餐盘端回座位,安静展开进餐活动。

时间	幼儿编号	幼儿进餐的行为表现			
		安静进餐	分享食物	其他分享行为	备注
11:30—11:32	1 号	√	×	×	
11:32—11:34	2 号	√	×	×	
11:34—11:36	3 号	√	×	√	
11:36—11:38	4 号	√	×	×	
11:38—11:40	5 号	√	×	×	
11:40—11:42	1 号	√	√	×	
11:42—11:44	2 号	√	×	×	
11:44—11:46	3 号	√	×	×	
11:46—11:48	4 号	√	×	×	
11:48—11:50	5 号	√	×	×	
11:50—11:52	1 号	√	×	×	
11:52—11:54	2 号	√	×	×	
11:54—11:56	3 号	√	×	×	
11:56—11:58	4 号	√	×	×	
11:58—12:00	5 号	√	√	×	

在固定观察时距 30 分钟内,对第一组 5 名幼儿进行观察。每名幼儿分配时间 2 分钟,其中观察 1 分钟,记录 30 秒,间隔 30 秒,每名幼儿观察 3 次。连续观察 6 天,做好班上 30 名幼儿进餐活动的观察记录(行为出现就在对应的位置标注√,没有出现就标注×)。

2. 关于幼儿分享行为的其他信息

（1）来自同伴的信息

经过对班中幼儿的随机访谈,发现幼儿之间时常会有分享行为发生,幼儿通常会与自己的好朋友或游戏中的玩伴分享。此外,幼儿之间喜欢进行食物、小玩具等物品的分享。

（2）来自带班教师的信息

大一班带班教师陆老师是一名资深教师,她指出:大一班有三分之一的幼儿经常出现分享行为;大一班经常通过榜样示范进行分享行为的强化;物质分享是大一班幼儿最常发生的分享行为。

（三）整理与分析

1. 整理分析

如表 6-2-3 所示,为了更科学地分析和评价幼儿的分享行为,梁老师为每名幼儿做了一个评价档案,整理平时的观察记录表,并思考如何强化幼儿的分享行为,引导更多的幼儿学会分享,从而促进全班幼儿社会性的良好发展。

表 6-2-3　幼儿分享行为评价档案信息收集表

幼儿姓名:林林			记录者:梁老师	
序号	日期和环节	分享行为描述	解释	备注
1	2021.1.3,进餐	在进餐时,林林看到朋朋喝完了汤,还想喝,便将自己还未喝过的汤倒了一半给朋朋。	食物分享:林林观察到朋朋喝完了汤,便主动分享给了朋朋	
2	2021.1.3,离园	林林和小强一起离园,走出幼儿园门口时,林林将一根棒棒糖送给了小强。	零食分享	
3	2021.1.4,户外活动	今天户外活动时,莉莉独自坐到一旁,不愿参与班级活动。林林走过去,坐在好朋友莉莉身旁,莉莉说:"妈妈去工作了,要一个月后才回来,我想妈妈了。"林林轻轻拍了拍莉莉的肩膀,说道:"没关系,妈妈很快就回来了。"	情绪分享:幼儿通过分享情绪,得到精神上的放松和调试	
4	2021.1.5,自由活动	林林从家里带来了一本游戏类绘本。午餐结束后,在自由活动时,她拉起莉莉的手,找到一块空地和莉莉一起看起了游戏绘本,并告诉她游戏的玩法。	经验分享	
5	……			

从以上梁老师为林林建立的分享行为评价档案来看,林林在1月3日至1月5日共出现分享行为 4 次,分享的类型呈现多样化的特点,且都属于自主自愿自动分享行为。类似的分享行为观察记录档案表,大一班的每名幼儿都有一份,里面详细记录了他们的分享行为。

2. 原因分析

保育员梁老师通过上述内容进行了原因分析:①榜样示范——林林出现多种不同类型的分享行为,除了个人因素,还有身边的榜样示范作用,同伴之间通过观察、学习和模仿增加了分享行为发生的频率和类型。②强化——保教人员及时观察到幼儿的分享行为,并及时给予言语激励和引导,因此强化也是林林分享行为频繁、类型丰富的重要原因。

（四）针对幼儿分享行为的引导策略

1. 运用语言激励、模仿示范等多种形式对幼儿的分享行为进行强化

照护者通过对幼儿的观察、记录和分析,对经常出现分享行为的幼儿,引导其保持并增加频率;

对不常进行分享的幼儿密切关注,分析原因,并找出对策,运用语言激励、行为强化、模仿示范等多种形式,激发其分享意识,使其学会分享、乐于分享。

2. 选择恰当的时机适时介入

面对一些不常出现分享行为的幼儿,照护者可适当介入,如看到幼儿在玩玩具时,照护者可有意走过去,对幼儿说:"我可以和你一起玩吗?"或者说:"你可以把玩具借给我玩一会儿吗?"另外,当幼儿出现分享行为时,照护者应及时回应,运用"你真棒""这个行为真让人高兴""为你感到骄傲"等言语表示肯定,或拍拍幼儿的肩膀、与幼儿拥抱等,并及时记录幼儿的分享行为。

3. 加强家园合作

可与家长就幼儿的观察记录表进行交流和讨论,了解幼儿在家中出现分享行为的具体情况,并与家长商量对策,通过家园合作进一步强化幼儿的分享行为。

(五)幼儿分享行为引导策略的有效性反思

1. 持续记录

保育员梁老师分别对策略实施前后的幼儿分享行为作了观察记录、统计分析。结果显示,在策略实施后大一班幼儿的分享行为比之前增加了三分之一。

2. 成效

梁老师在引导幼儿分享的过程中,注意观察每个幼儿的表现,并记录行为强化后或者榜样示范后,其他幼儿的分享行为是否有频率的提升。通过观察记录表的前后对比,反思哪种强化的方法更适用于幼儿,反思面对不同幼儿的教育方式,并通过多次反复验证,寻找到较优的几类强化办法,从而进一步优化幼儿的分享行为。实践证明策略实施有效。

任务三　识别与引导幼儿的合作行为

案例导入

余老师是小一班的保育员。有一天,她观察乐乐、彬彬和娜娜三人一起在"娃娃家"玩游戏。乐乐要扮演妈妈,彬彬说:"我是男孩儿,我扮演爸爸。"娜娜说她来扮演宝宝。几个小伙伴玩了一会儿,"妈妈"用手摸了一下"宝宝"的头说:"好烫呀,宝宝生病了。"彬彬说:"快用温度计量一量体温,看看是不是发烧了。"这时候乐乐和彬彬几乎同时拿起了"温度计"(一根雪糕棍),都要给宝宝量体温。乐乐说:"我是妈妈,我来照顾宝宝,我量体温。"彬彬急了:"你做很多事情了,我来量体温。"两人谁也不肯放手,最后,彬彬力气大些,把"温度计"夺了过来。乐乐大哭。

幼儿在进行简单的角色游戏即合作游戏时,难免会因为争抢角色、抢夺玩具而引发冲突。保教人员应及时关注,分析冲突产生的原因,做好预防和引导工作,以使幼儿形成良好的合作行为。

任务要求

1. 了解和识别幼儿的合作行为。
2. 掌握观察和记录幼儿合作行为的步骤。
3. 能够运用观察记录引导幼儿的合作行为。

一、了解和识别幼儿的合作行为

合作行为是幼儿之间社会交往的一种方式,是幼儿亲社会行为的基本表现之一,是幼儿在游戏过程中通过和谐分工、相互配合与协调,保证游戏活动顺利进行的行为[①]。《幼儿园教育指导纲要(试行)》指出,在社会领域的教育中,幼儿应达到"与人交往,学习互助、合作和分享,有同情心"的目标。良好的合作行为在提高幼儿的社会交往技能、改善同伴关系方面具有重要意义,同时也关乎其成年后能否在社会中实现更好的自我发展。幼儿时期是亲社会行为培养的关键期,因此,培养幼儿自觉形成合作意识、养成合作行为习惯,将会对其一生的发展产生深远影响。幼儿的合作行为分为以下两种类型:

(一) 由物导向的合作行为

由物导向的合作行为是指,幼儿之间围绕对于玩具的使用权、占有权或整理权而展开的合作行为。如在同一形状的积木都不足的情况下,两名幼儿选择了交换、分享积木,这样两个人都能达到自己的搭建目的,这种合作行为都使双方受益。

(二) 由人导向的合作行为

由人导向的合作行为实质是幼儿之间围绕观点、意愿而进行协商、分享,以得出比独自解决问题更好的办法。如幼儿自发玩起角色扮演游戏,合作行为便从中产生。在整个合作过程中,幼儿之间没有明确的行动规则,但是都能从对方的言语中获得游戏信息,进而产生角色认同。

总体来说,由人导向的幼儿同伴合作行为要多于由物导向的合作行为。随着年龄的增长,幼儿间的言语交流和协商越来越多,合作更多的是与同伴之间的观点协商,而不是玩具和空间的使用权或占有权的简单分享与争夺。因而,年长的幼儿由人导向的合作行为要多于由物导向的合作行为。

二、幼儿合作行为的影响因素

幼儿的合作行为受其自身年龄特点、性格特征以及认知发展的影响,年龄较大的幼儿更懂得合作的策略,产生的合作行为较年龄小的幼儿更多;性格外向活泼的幼儿较内向安静的幼儿往往表现出更多的合作行为;认知发展水平若较低,由于无法支持游戏顺利开展也会影响幼儿合作行为的产生。同时,幼儿社会交往技能的匮乏,如在同伴交往、师幼互动、语言表达、遵守规范等方面表现不积极等,会导致幼儿自发产生合作行为的频率降低。

幼儿的合作行为还受教师因素的影响。如果教师对合作概念有较深的理解,并重视合作意识的培养,就会在解决幼儿同伴冲突过程中抓住教育契机及时引导幼儿互相合作。如果教师对幼儿的游戏活动缺乏系统观察,不了解幼儿的问题与需求,也就无法对幼儿在游戏活动中的合作行为进行有效的引导。

此外,家长的教养方式也会对幼儿的合作行为产生影响。如果家长比较重视幼儿的社会性发展,经常有意识地鼓励幼儿与他人交流合作,经常与幼儿合作完成一些家务,遇到问题采取比较民主的方式,征询幼儿的意见,能够以身作则,做好榜样示范,这样可以使幼儿的合作能力增强,更乐于与

[①] 姚丽佳.体育游戏中培养幼儿合作行为的指导策略研究[D].兰州:西北师范大学,2015.

他人合作。反之,则会导致幼儿的合作能力较弱,与他人的合作行为减少。

三、运用观察记录引导幼儿的合作行为

通过观察能够进一步深入了解幼儿的个性与需求,在班级一日生活中,保教人员应在各个环节有目的地观察幼儿的合作行为,并基于观察了解的信息进行有针对性的引导。

(一)观察开始前的准备

当幼儿在游戏过程中出现合作行为的时候,需针对该幼儿进行行为观察。在实施观察与记录之前,须按照以下步骤完成观察的预备。

1. 明确观察目的

保教人员对幼儿合作行为进行系统观察之前,需要进一步明确观察的具体目的。保教人员可以结合如下问题制订具体的观察目标:

第一,什么时候或什么地点幼儿会发生合作行为? 保教人员可以观察幼儿是在一日生活中的什么时间段发生的合作行为,如晨间活动、区域活动、学习活动、游戏活动的某个环节等;幼儿合作行为出现的地点是在室内或室外,还是某一固定区域,如建构区、娃娃区、美工区等。

第二,幼儿最常出现的合作行为类型是什么? 例如,对于玩具的使用权、占有权或整理权展开的合作行为;围绕观点、意愿而进行协商、分享等。

第三,幼儿出现合作行为的频率如何? 每次合作行为之间的间隔有多久?

2. 选择观察方法

结合上述具体的观察目标,保教人员需要根据不同观察方法的特点选择合适的观察记录方法。幼儿的合作行为常见于共同游戏、学习等活动中,可选用轶事记录法、抽样法等进行记录。

3. 定义目标行为

观察者须完成目标行为的操作性定义以清楚界定目标行为的范围。合作行为通常包含以物为导向以及以人为导向的两种合作行为,保教人员需要在定义目标行为的时候懂得识别不同的合作行为并进行记录。例如,玩具的交换指的是以物为导向的合作行为;角色协商指的是以人为导向的合作行为。

4. 选择观察情境

保教人员明确了观察目的、选择了合适的观察方法并定义目标行为之后,须选择可以获得目标行为相关信息的观察情境与地点。观察者需要具体考虑幼儿什么时间、什么地点、什么情境下出现的行为符合观察目的以及便于实施观察记录。在观察记录的过程中,可以根据实际情况进行调整,若该行为无特定情境则可以忽略情境。如观察幼儿在游戏活动中的合作行为,保教人员可以重点观察户外自主游戏时间和室内的区域游戏时间。如果保教人员已经明确将幼儿的合作行为作为观察的目标行为,对于观察情境中出现的其他行为可以暂时忽略。

此外,保教人员还需要根据观察需求准备相应的工具,包括纸笔、计时的工具等。针对幼儿合作行为还可以制订相应观察表格协助记录。幼儿游戏合作行为的观察要点和发展提示具体如表6-3-1所示。

表 6-3-1　幼儿游戏合作行为的观察要点表①

项目	观察要点	发展提示
合作行为	独自游戏、平行游戏、合作游戏	群体意识
	更多主动与人沟通还是被动沟通	交往的主动性
	更多指使别人还是跟从别人	独立性
	是否会采用协商的办法处理玩伴关系	交往机智
	是否会同情、关心别人和取得别人的同情与关心	情感能力
	交往合作中的沟通语言	语言与情感的表达与理解
	是否善于调整自己的行为以适应别人	自我意识

（二）运用观察法收集合作行为的资料

完成观察前的准备之后，即可使用选定的观察记录方法实施行为观察以获得相应的信息。观察者在未充分了解幼儿合作行为的产生背景、影响因素等问题之前，不应进行对于目标行为的观察与记录。

1. 实施对幼儿合作行为的观察

针对幼儿合作行为的出现，保教人员可以采用描述法与抽样法相结合的方法进行记录。主要记录的重点包括：

① 记录幼儿合作行为的五个基本问题，即人物、事件、时间、地点、情境等。

② 记录幼儿合作行为的类型，即以物为导向的合作行为、以人为导向的合作行为等。

③ 记录幼儿合作行为出现的主要经过，即观察中记录幼儿具体做了什么、怎么做的，说了什么、怎么说的。

④ 记录幼儿合作行为出现的情境脉络，即合作行为是在哪里发生的，互动的过程是怎样的，合作行为出现之后还发生了什么事。

2. 获取关于幼儿合作行为的其他信息

幼儿合作行为的产生因素较多元化，观察的对象也较多，可根据实际需要，通过不同渠道获取相应信息以识别和引导幼儿的合作行为。

首先，家长访谈。将幼儿的行为观察资料进行整理，及时与家长沟通，了解幼儿合作行为在家庭中出现的频率及主要类型。

其次，同伴访谈。通过和幼儿的同伴沟通来获取相关的信息。

最后，其他教师访谈。可以和带班教师积极沟通，分享并共同探讨幼儿的观察记录。

（三）整理资料，分析合作行为的成因

保教人员定时整理幼儿合作行为的观察记录表，进行连续性的记录，分析幼儿分享行为产生的相关理论基础，结合观察记录与访谈资料联系情境性因素，进一步强化幼儿的合作行为。通过整理分析的资料，结合幼儿的自身因素、情境因素、家庭因素、同伴因素和师幼关系等因素，分析幼儿合作行为产生的原因。

（四）针对幼儿合作行为提出引导对策

分析幼儿合作行为产生的原因后，保教人员需要对幼儿合作行为进行正向的强化，并尝试在班级中推广，使得班级中更多的幼儿具备合作能力。

---

① 上海市教育委员会.上海市学前教育课程指南（试行稿）[M].上海：上海教育出版社，2004.

（五）持续追踪引导策略的有效性

保教人员需要对制订的引导对策进行持续追踪，以保障引导策略的有效性。在引导策略实施之后，保教人员需要持续进行观察与记录，进一步了解幼儿合作行为持续发展情况，并整理记录内容以了解实施策略是否有效。如果有效，保教人员可以继续实施行为观察以及相关引导策略，持续强化幼儿的合作行为。

四、幼儿合作行为观察案例解析

中二班的保育员陆老师为了能更有效地引导 4～5 岁幼儿开展游戏活动，运用时间抽样法对班上 30 名幼儿进行了游戏活动中合作行为的记录。

观察目标：了解本班幼儿游戏中合作行为的表现情况。

观察对象：中二班有 30 名幼儿，将 30 名幼儿分为 3 组（每组 10 人）进行观察。

观察方法：时间抽样法。观察时间为期 3 周，有效时间 15 天。每天观察时间为上午区域活动时间。观察范围为幼儿在园游戏活动中的合作行为。

陆老师具体可以从以下方面进行操作：

（一）观察开始前的准备

1. 明确观察目的

（1）中二班的幼儿通常什么时候会产生合作行为？

（2）幼儿合作行为的表现主要有哪些？

（3）是什么因素引起了幼儿的合作行为？

（4）哪种合作行为出现的频率最高？

（5）合作行为发生后，目标幼儿的状态如何？

2. 选择观察方法

结合上述观察目的，陆老师选择时间抽样法对班上幼儿的合作行为进行记录。

3. 定义目标行为

通过查阅文献，陆老师将观察以物为导向和以人为导向的两类合作行为。观察幼儿以物为导向的合作行为主要围绕幼儿对于玩具的使用权、占有权或整理而展开；观察幼儿以人为导向的合作行为则侧重幼儿之间围绕观点、意愿而进行协商、分享，从而得出比独自解决问题更好的办法的过程。

4. 准备观察工作

为了保证幼儿合作行为发生的次数以及持续时间的记录，陆老师准备了纸笔、计时器、录像机。

（二）观察与记录

1. 实施行为观察与记录

如表 6-3-2 所示，陆老师使用了时间抽样表对班级中幼儿的合作行为进行了详细的记录。

表 6-3-2 区域游戏中幼儿合作行为的时间抽样观察

观察日期：2021.9.6
观察时间：10：00—10：30
观察者：陆老师
观察目的：了解本班 3 名幼儿游戏合作行为的表现情况。
观察情境初步描述：3 名幼儿进入了建构区开始拼搭积木，幼儿 1 和幼儿 3 在一起搭积木，幼儿 2 在区域另一个角落独自搭建。

观察时间	幼儿编号	幼儿区域游戏中的合作行为表现				
		主动与人沟通	采用协商办法处理玩伴关系	同情关心别人	调整自己的行为以适应别人	无合作行为表现
10:00—10:03	1号	√				
10:03—10:06	2号					√
10:06—10:09	3号		√			
10:09—10:12	1号		√			
10:12—10:15	2号					√
10:15—10:18	3号				√	
10:18—10:21	1号				√	
10:21—10:24	2号					√
10:24—10:27	3号				√	

备注：在固定观察时距 30 分钟内，对第一组中 3 名幼儿进行观察。每名幼儿每次分配 3 分钟，其中每次观察 2 分钟，记录 30 秒，间隔 30 秒。每名幼儿观察 3 次，行为出现在对应的位置标注√。

2. 获取相关信息

（1）来自同伴的信息

班中其他幼儿评价幼儿 1 和幼儿 3 经常会在一起玩，彼此是很好的朋友。而幼儿 2 经常喜欢自己一个人玩，较少和同伴一起玩。

（2）来自带班教师的信息

易老师是中二班的主班教师，她认为：中二班多数幼儿经常出现合作行为；班级中的区域游戏时间幼儿喜欢选择关系好的同伴一起玩，教师有时会进行一定的干预。

（三）整理资料，分析合作行为的成因

1. 整理分析

根据时间抽样收集到的数据，陆老师发现 3 名幼儿的合作行为有明显差异。在观察中，幼儿 1 和幼儿 3 出现了合作行为，幼儿 2 则未出现合作行为。

2. 原因分析

陆老师通过上述内容进行了分析：①区域游戏中，幼儿前期的交往关系会影响当下游戏情境中合作行为；②个别幼儿缺乏游戏进入策略，特别是缺少语言协商技能、语言表达能力弱，使得有些问题较难进行合理沟通；③由于班级教师在幼儿区域活动时间难以观察到所有幼儿，个别幼儿存在的交往问题容易被忽略。

（四）针对幼儿合作行为的引导策略

1. 创设环境，提供机会

幼儿天性好奇，喜欢探究，保教人员应在游戏区域适当提供半成品材料，以促使幼儿之间进行共同研究和协商意见，让幼儿在这个过程中享受更多的协商与合作机会；也可适时减少一些活动材料，引导幼儿在面对材料不足的情况下，与同伴协商、分工与合作以完成任务。保教人员要想办法为幼儿创造和提供与同伴合作的游戏机会，让幼儿在实践中学会合作，如在活动中两人合看一本书，合作完成一个手工作品，共玩一个玩具，户外游戏时共同帮教师搬东西等，让幼儿感受到互相配合、分工合作的重要性。

2. 及时表扬，积极促进

保教人员在观察到幼儿表现出合作行为并实现合作目标时，应适时地给予表扬和鼓励，使幼儿

的合作行为得到强化和保持；当观察到幼儿合作技能较差，不能围绕既定目标达成合作意图时，保教人员也要对幼儿的合作行为过程给予支持和鼓励，积极促进幼儿合作行为的发生。

3. 家园共育，形成合力

教师应对幼儿的观察记录表及时整理和分析，并将幼儿的行为表现及时向家长反馈，有效利用家庭教育因素，培养幼儿的合作意识，加强幼儿的合作能力。教师可通过制订《幼儿合作行为指南》、家长会、家长群信息发布等多种方式，指导家长为孩子提供更多与人交往的机会。例如，多让孩子与周围邻居进行交往，学会一些交往语言，走亲访友进行问候，去商店购物与售货员交谈，邀请同伴到家里做客，养成良好的交往习惯，为幼儿与同伴的合作交往打下良好基础。

（五）持续追踪，保障引导策略的有效性

保教人员持续进行记录，分别对策略实施前后的幼儿合作行为作了观察记录、统计分析。经过一段时间后，陆老师发现，在策略实施后中二班幼儿的合作行为比之前增加了二分之一。

陆老师在引导幼儿合作的过程中，首先，借助对幼儿游戏中合作行为的观察、记录和分析，对乐于合作的幼儿，引导其保持并增加频率，同时对其他幼儿产生积极影响；对于经常发生冲突行为的幼儿及时关注，分析冲突产生的原因，引导幼儿使用邀请、协商、分工、配合、建议、赞同、解释说明等亲社会合作策略，激发幼儿做出更多的合作行为，培养幼儿的合作意识。其次，坚持旁观者的姿态，尽量做到多看、多听、少说、少介入。当发现幼儿在游戏中产生冲突矛盾时，先不着急介入，而是耐心等待，观察幼儿能否通过自身的努力解决问题。如果不能，再引导幼儿通过与同伴交流、协商、配合等方式继续游戏。

任务四　识别与引导幼儿的专注行为

案例导入

保育员陈老师发现，在带班教师开展集体教学活动的过程中，一些幼儿喜欢发呆走神、离开座位，做一些与学习活动无关的事情。陈老师自制了"集体教学活动中幼儿注意力集中情况时间抽样表"进行观察记录并对结果进行分析，发现大班阶段（5～6岁）的幼儿，有意注意持续时长为10～15分钟。这个时间段内专注力最好，参与度最高，认真倾听、按指令做事、回答问题、主动提问等积极注意行为发生更多。过了这个时间段后，消极行为开始增多，且受幼儿个体差异以及家庭教养方式的影响，幼儿的行为特点也会不同。

在集体教学中，幼儿注意力是否集中，能否认真倾听并理解教师的语言是非常重要的。陈老师在集体教学活动中运用适宜的观察法掌握班级幼儿的学习情况，对专注能力较弱的幼儿进行有针对性的引导，与带班教师相互配合，不仅支持了幼儿的进一步发展，也提升了教师教学的有效性。

任务要求

1. 了解和识别幼儿的专注行为。
2. 掌握观察和记录幼儿专注行为的步骤。
3. 能够运用观察记录引导幼儿的专注行为。

一、了解和识别幼儿的专注行为

从心理学的角度来看,专注力是人的心理活动对某一特定的对象或者某项具体的活动进行应有指向和集中的一种能力。《指南》明确指出"重视幼儿的学习品质","帮助幼儿逐步养成积极主动、认真专注、不怕困难、敢于探究和尝试、乐于想象和创造等良好学习品质"。良好的专注力作为学习品质的一部分,在幼儿的学习活动过程中具有重要影响。幼儿由于天性好动、好奇心强,大脑皮层兴奋多于抑制,专注力的表现主要呈现为持久时间短暂、集中范围狭小、稳定性较差等特点。幼儿在学习活动中是否集中注意力,直接影响其对事物的认知水平和智力发展,进而影响幼儿未来的发展。因此,需要在幼儿期开始就关注幼儿的专注行为,培养幼儿专注力。

根据美国教育研究院和心理学家加德纳的研究,学习知识或某一项能力,根据个体差异,学习风格可分为视觉、听觉、动觉三种类型。相应地,专注力也可分为视觉专注力、听觉专注力和动觉专注力三种类型。

(一) 视觉专注力

学习风格为视觉型的幼儿善于通过视觉,也就是"看"来学习,比如看图、看文字、看视频等,通过这种模式记住需要掌握的知识。此类幼儿在通过视觉观察学习的过程中,更容易保持持久的专注力。

(二) 听觉专注力

学习风格为听觉型的幼儿更易于在听他人讲授或大声朗读过程中学习,如有些幼儿喜欢听少儿广播里播放的故事。此类幼儿在通过听觉学习的过程中能保持更好的专注力。

(三) 动觉专注力

学习风格为动觉型的幼儿喜欢通过动手或者学习时不断重复做动作来接收新知识,如通过动手剪纸来感受图形的变化,进行各种跳跃运动来感知空间、距离等。幼儿动作多、喜欢动手尝试,未必是缺乏专注力,或许是通过这种方式在学习,应顺应幼儿的学习风格,鼓励其多动手多思考。

二、幼儿专注行为的影响因素

幼儿的专注行为主要受学习活动的难易程度、内容主题、活动形式、幼儿个体情绪以及外部环境中的刺激物等因素影响。适宜的活动难度更容易让幼儿坚持,并在坚持的过程中获得成就感。反之,超过幼儿学习能力水平、难度较高的任务容易让幼儿疲劳,专注力持续时间较短。需要注意的是,难度过低的活动也不容易引起幼儿的兴趣,幼儿对此类活动很难保持长时间的专注力。

整体上,活动主题新颖有趣,活动形式丰富多样能够更好地吸引幼儿的注意力,让他们保持学习兴趣。如果教师在集体教学活动过程中发现班上的多数幼儿容易出现分心行为,可以反思自己组织的教学活动形式是否不够丰富、缺乏变化。对于喜欢一边做作业一边玩玩具或其他物品的幼儿,教师可以在幼儿做作业之前将玩具之类的物品放置在其看不到的地方或代为保管,尽可能减少无关刺激。此外,幼儿生活的环境动荡、缺乏生活规律,或者父母经常争吵、家庭成员关系紧张等,也会影响幼儿的专注力,导致幼儿出现分心行为。

三、运用观察记录引导幼儿的专注行为

专注力是幼儿的学习品质之一,也是保教人员在集体教学活动中观察幼儿的重要内容。保教人员根据观察到的幼儿的不同表现,有针对性地培养其良好的专注力。

（一）观察开始前的准备

当某幼儿在学习活动过程中出现专注行为的时候，保教人员可以针对该幼儿进行行为观察。在实施观察与记录之前，可以从以下四方面开展准备工作。

1. 明确观察目的

为了了解目标幼儿的专注行为，了解专注行为产生的背景、影响因素，以引导和强化幼儿的专注行为，保教人员可以结合下述问题聚焦自己的观察目的：

第一，幼儿是在什么时候、什么地点产生专注行为的？幼儿出现专注行为是否可以预测时间和地点？

第二，幼儿在产生专注行为之前的状态如何？例如：该幼儿正在聊天，该幼儿望着窗外发呆，该幼儿眼睛望着教师等。

第三，幼儿产生专注行为后做了些什么？例如：举手回答问题，告知教师自己的想法，安静待在位子上，持续进行专注行为。

第四，该幼儿最常出现的专注行为类型是什么？例如：通过看图、看文字、看视频等视觉观察学习的专注行为，通过倾听他人讲授或大声朗读等听觉感知学习的专注行为，通过动手或者学习时不断重复做动作来接收新知识的动觉型专注行为。

第五，该幼儿专注后的状态如何？例如：安静、沉思、兴奋、愿意表达等。

第六，幼儿结束一次专注行为后，大概多久出现下一次专注行为？例如：十分钟、半个小时、一个小时、半天等。

2. 选择观察方法

为了达成观察目的，需要根据不同观察方法的特点选择合适的观察记录方法。专注行为常见于游戏、集体教学、个别化学习等活动，比较适用轶事记录法、抽样法、日记法等。

3. 定义目标行为

观察者须完成目标行为的操作性定义以清楚界定目标行为的范围。专注力分为视觉专注力、听觉专注力和动觉专注力三种类型。相应地，专注行为通常包含视觉专注行为、听觉专注行为、动觉专注行为三种，保教人员需要在定义目标行为的时候懂得识别不同的专注行为并进行记录。例如：专注地阅读绘本是指视觉专注行为，认真地倾听教师讲故事属于听觉专注行为，全神贯注地拼搭雪花片是动觉专注行为。

4. 选择观察情境

在明确观察目的、选择合适的观察方法、定义目标行为之后，观察者必须选择可以获得目标行为相关信息的观察情境和地点，主要考虑在什么时间、什么地点、什么情境下出现的行为符合观察的目的以及便于实施观察记录。在观察记录的过程中，可以根据实际情况进行调整，若该行为无特定情境则可以忽略情境的选择。例如：观察幼儿专注行为的产生，就需要观察和明确专注行为发生的常见时间、地点、场景等。集体教学、个体游戏等环节易出现专注行为，保教人员可先在前期进行持续观察，再根据观察到的最新情况及时调整观察时间、地点、情境等。

此外，保教人员还需要根据观察的需求准备相应的工具，包含纸笔、计时的工具，如果有需求可以借助录音机、照相机、录像机等工具。同时可以根据观察特点或是个人习惯准备相应的表格协助记录。

（二）运用观察法收集专注行为的资料

完成观察前的准备之后，即可使用选定的观察记录方法实施行为观察以获得相应的信息。观察者在未充分了解幼儿专注行为的产生背景、影响因素等问题之前，不能进行对目标行为的观察与记录。

1. 实施对幼儿专注行为的观察

针对幼儿的专注行为，保教人员可以采用描述法与取样法相结合的方法进行记录。主要记录的重点包括：

　　① 记录幼儿的基本信息：姓名、年龄、性别、行为出现的场景。

　　② 专注行为的持续时间：根据观察目的可以选择记录目标行为开始和结束的时间。

　　③ 记录专注行为的类型：视觉型、听觉型以及动觉型三种专注行为。

　　④ 专注行为出现的主要经过：专注行为是在哪里发生的，现场有哪些人，正在进行什么活动，目标行为出现之后还发生了什么事。

2. 获取关于幼儿专注行为的其他信息

　　幼儿专注行为的产生因素较多元化，观察的对象也较多，可根据实际需要，通过其他渠道获取相应信息以识别和引导幼儿的专注行为。特别是通过家长访谈，将幼儿的行为观察资料进行整理，及时与家长沟通，了解幼儿专注行为在家庭中出现的频率及主要类型。保教人员之间还可以相互配合，保育员可以和带班教师积极沟通，分享并共同探讨幼儿的观察记录。

（三）整理资料，分析专注行为的成因

　　保教人员需要定时整理幼儿专注行为的观察记录表，进行连续性的记录，分析幼儿专注行为产生的相关理论基础，结合观察记录与访谈资料联系情境性因素，进一步强化幼儿的专注行为。整理分析资料时，可结合幼儿的自身因素、情境因素、家庭因素、同伴因素和师幼关系等因素。

（四）针对幼儿专注行为提出引导对策

　　保教人员应将整理的幼儿专注行为观察记录内容及时与家长沟通，并提出强化幼儿专注行为的策略建议。双方就强化幼儿专注行为策略达成共识，商议得出在幼儿园及家庭中的实施策略。策略实施后，保教人员应与家长持续沟通观察内容及实施成效。

（五）持续追踪引导策略的有效性

　　策略实施之后，保教人员应当持续进行观察与记录，进一步了解幼儿专注行为持续发展情况，并整理记录内容以了解实施策略是否有效。如果有效，保教人员可以继续实施行为观察以及相关策略，持续强化幼儿的专注行为。

四、幼儿专注行为观察案例解析

案例

　　陈老师负责大二班的保育工作，为了更好地了解幼儿在学习活动中的表现，在一次以剪纸为主题的集体教学活动中，陈老师运用了描述法观察记录幼儿的专注行为。观察要点主要集中在三个维度：专注时间、专注程度、外在行为表现。在剪纸活动中，陈老师通过轶事记录的方式，记录了幼儿的专注行为。

陈老师具体可以从以下方面进行操作：

（一）观察开始前的准备

　　首先，陈老师需要明确观察目的。陈老师可以结合以下问题，聚焦观察目的：大二班的幼儿通常什么时候会产生专注行为？哪些因素影响幼儿的专注行为？哪种专注行为出现的频率最高？专注行为发生后，目标幼儿的状态如何？

　　其次，陈老师需要根据观察目的，选择轶事记录法进行记录。

再次,陈老师依次对视觉型专注行为、听觉型专注行为、动觉型专注行为进行概念界定。

最后,为了保证幼儿专注行为发生的次数以及持续时间的记录,陈老师准备了纸笔、计时器、录像机等记录工具。

(二)运用观察法收集专注行为的资料

1. 实施行为观察与记录

如表 6-4-1 所示,这是一份运用轶事记录法对幼儿学习活动中的专注行为进行观察研究的案例。

表 6-4-1 轶事记录表

日期:2021.10.21	时间:9:45—10:10	地点:大二班教室
记录者:陈老师		

要 点	内 容
观察目的	登登在学习活动中的专注行为
基本活动	剪纸活动
观察对象	登登
事件记录 (必要时附上照片)	大二班的幼儿每人手里拿着剪刀和剪纸材料正在进行剪纸活动。登登花了约 5 分钟时间剪雪花。剪下一片小雪花后,她拿起雪花在小朋友面前展示,告诉同桌的小伙伴自己已经剪完一朵小雪花了。之后继续剪,当看到其他小朋友的胶棒掉到地上时,她离开座位帮助小朋友捡胶棒,然后回到自己的座位继续剪,登登又专注地剪下第二片小雪花用时 3 分钟,而后她又剪下第三片,用时 3 分钟。

除了对登登进行轶事记录,陈老师还对登登小组的其他幼儿进行了记录,整体上,登登小组幼儿的动觉型专注行为良好。

2. 获取其他信息

除了运用轶事记录的方法进行观察记录,还可以从班级中的其他教师那里获得相关信息。主班教师认为:①大二班大部分幼儿经常产生专注行为;②自己在带班时,经常通过言语激励对幼儿的专注行为进行强化;③视觉型和动觉型专注行为是大二班幼儿最常发生的两种专注行为。

(三)整理资料分析专注行为的成因

1. 整理分析

陈老师制作了多份轶事记录表,来观察和了解每个幼儿在每日学习活动中的专注行为。在观察记录的过程中,陈老师发现,有些幼儿的专注时间特别长,可持续 15~25 分钟不等,可一直专注于自己的学习活动;有些幼儿能够在 5 分钟之内集中注意力,走神时不需要老师的提醒,可自行回到学习活动中;有些幼儿专注程度欠佳,不能集中注意力,东张西望,并且走神时需要老师的提醒。

2. 原因分析

(1)个体因素:幼儿个体的不良情绪如幼儿生活的环境动荡、缺乏生活规律,或者父母经常争吵、家庭成员关系紧张等,也会影响幼儿的专注行为,导致出现分心行为。

(2)教师因素:组织的学习活动的难易程度、内容主题、活动形式也会影响幼儿的专注力。如适当的活动难度会让幼儿更容易坚持,并在坚持的过程中获得成就感;超过幼儿学习能力水平的难度较高的任务容易让幼儿疲劳,专注力持续时间较短;而难度过低则不容易让幼儿兴奋,也无法保持长时间的专注力。活动主题新颖有趣,活动形式丰富多样也能够更好地吸引幼儿的注意力,让他们保持学习兴趣。

(四)策略与实施

1. 合理投放材料,激发学习兴趣

学习性区域活动材料是幼儿教育活动的重要载体,对培养幼儿专注力具有重要意义。具有趣味

性和挑战性的活动材料可以有效激发幼儿参与兴趣,使幼儿在克服困难的过程中培养坚持力与专注力。例如,在中班建构区投放"阿基米德自由创客积木",让幼儿搭建高楼,对幼儿的专注力发展十分有利。此外,丰富而具有延展性的活动材料也有助于培养幼儿的专注力。例如在大班开展阅读区活动时,可提供故事盒子给幼儿,故事盒子一般包含几十张拼图卡片,相当于几十张图画场景,而且这些场景没有固定的摆放顺序,幼儿可以按照自己的理解把卡片上的场景串联起来,组成一个个不同的故事,在增强幼儿语言表达能力的同时也能培养其良好的专注力。

2. 关注活动进程,及时回应需求

在学习过程中,保教人员应仔细观察幼儿的现有水平及需求兴趣,并以此为基础为幼儿提供适宜支持,从而培养幼儿的专注力。例如在操作活动中,保教人员应为幼儿明确活动目的,使幼儿在明确的目的下高度集中注意力进行操作,同时还应保证幼儿有足够的操作机会和充足的操作时间。保教人员还可将操作活动中的相关材料投放到活动区域中,让幼儿根据自身需求随时开展操作活动。

3. 适时鼓励支持,培养学习品质

教师的鼓励与支持对培养幼儿专注力具有促进作用。如教师在观察到幼儿因无法达成活动目标而产生消极情绪时,应使用积极的态度与幼儿进行真诚沟通,引导幼儿表达自己遇到的问题和想法,并给予幼儿具体指导,鼓励幼儿坚持正在进行的活动,以培养其专注力。并且,当幼儿在活动中出现良好的行为表现时,应及时给予肯定和表扬,从而增强良好行为的出现频率,逐渐引导幼儿形成良好的学习品质。

(五) 成效与反思

1. 持续记录

陈老师分别对策略实施前后幼儿的专注行为作了观察记录和统计分析。结果显示,策略实施后大二班幼儿的合作行为比之前增加了三分之一。

2. 成效

陈老师在引导幼儿专注行为的过程中,通过对幼儿专注行为的观察、记录和分析,对专注力较好的幼儿,适时表扬和肯定其行为,使其继续保持;对专注力较差的幼儿密切关注,分析原因,并制订干预措施,如跟带班教师协商调整活动或者任务的难度,设计更加丰富、有趣的活动,缩短同一形式活动的时间,在幼儿注意力分散之前让其短暂休息或者变换其他活动,也是有助于幼儿更好地专注于某一活动的一种方法。另外,还应及时跟家长沟通,提醒幼儿的父母减少自己的行为对幼儿专注力的负面影响,比如幼儿在专心游戏时,父母尽量减少不必要的提醒、指导以及无关对话。学习活动中幼儿的表现往往会体现出个体差异性,大部分情况下个性差异属于正常现象,保教人员要充分尊重个体差异,切忌随意打断或刻意引导幼儿的思考和操作;重视幼儿在学习活动过程中学习品质的培养,尤其是学习行为与习惯(如学习中的坚持性、注意力、计划性、合作性等)的养成。

模块小结

　　本模块详细介绍了幼儿适宜行为的内涵、特点、产生因素及常见类型,重点以常见的分享行为、合作行为、专注行为为例,阐述幼儿适宜行为的识别及影响因素,并通过相应的案例具体介绍了运用观察记录法引导幼儿适宜行为的方法和步骤。其中,在观察开始前保教人员应做好细致的准备,包括明确观察目的、选择观察方法、定义目标行为、选择观察情境;观察开始后,可根据不同幼儿的特点以及观察的事件和情境,选择描述法、抽样法、日记法等,获取关于幼儿适宜行为的资料,并对这些资料作进一步的分析,选择合适的策略,以有效支持和引导幼儿的适宜行为。

思考与练习

一、选择题

1. (**单选题**)下列哪些行为不属于幼儿的适宜行为?（　　）

A. 红红在专心致志地阅读一本图画书

B. 小明给了敏敏一根棒棒糖

C. 小军在楼梯口推了一下走在前面的静静

D. 林琳抱了抱正在哭泣的莉莉

2. (**单选题**)下列幼儿的哪种分享行为属于精神分享?（　　）

A. 婷婷从家里带了玩具送给好朋友

B. 冬冬告诉小林,妈妈昨天外出工作了,他心里有点不开心

C. 李雪正在和小敏讲解"丢手绢"游戏的玩法

D. 雯雯和小君一起共读绘本

3. (**多选题**)下列哪些因素会导致幼儿的专注力减弱?（　　）

A. 超过幼儿学习能力水平的、难度较高的任务

B. 难度过低的学习任务

C. 教学活动形式不够丰富、缺乏变化

D. 父母经常争吵,家庭成员关系紧张

4. (**多选题**)下列哪些行为属于幼儿的合作行为?（　　）

A. 与其他幼儿开展合作游戏

B. 主动与人沟通

C. 调整自己的行为以适应他人

D. 遇到困难,与人协商

5. (**多选题**)谦让行为分为哪几种类型?（　　）

A. 言语型谦让行为　　　　　　　　B. 非言语型谦让行为

C. 功利型谦让行为　　　　　　　　D. 非功利型谦让行为

二、判断题

1. 幼儿适宜行为是幼儿被迫做出的一种外在行为表现。　　　　　　　　　　（　　）

2. 幼儿的分享行为有助于幼儿社会性的发展。　　　　　　　　　　　　　　（　　）

3. 家长的教养方式对幼儿的合作行为不会产生影响。　　　　　　　　　　　（　　）

4. 良好的专注力是学习品质的一部分,在幼儿期开始就应该关注幼儿的专注行为。　　（　　）

5. 幼儿的谦让行为都是带有功利性的。　　　　　　　　　　　　　　　　　（　　）

三、简答题

1. 如何理解幼儿适宜行为的特点?

2. 请举例说明影响幼儿分享行为的因素。

四、实践题

制作一份中班幼儿分享行为的观察记录表。

聚焦考证

一、单选题

1. 有的幼儿遇事反应快,容易冲动,很难约束自己的行动,这个幼儿的气质类型比较倾向于( )。①

  A. 多血质 　　　 B. 黏液质 　　　 C. 胆汁质 　　　 D. 抑郁质

2. 冬冬边玩魔方边小声嘀咕:"转一下这面试试,再转这面呢?"这种语言被称为( )。②

  A. 角色言语 　　　 B. 对话言语 　　　 C. 内部言语 　　　 D. 自我中心言语

3. 由于幼儿是以自我为中心辨别左右方向的,幼儿教师在动作示范时应该( )。③

  A. 背对幼儿,采用镜面示范 　　　　 B. 面对幼儿,采用镜面示范

  C. 面对幼儿,采用正常示范 　　　　 D. 背对幼儿,采用正常示范

4. 两岁半的豆豆还不会自己吃饭,可偏要自己吃;不会穿衣,偏要自己穿。这反映了幼儿( )。④

  A. 情绪的发展 　　 B. 动作的发展 　　 C. 自我意识的发展 　 D. 认知的发展

5. 照料者对婴儿的需求应给予及时回应是因为:根据埃里克森的观点,在生命中第一年的婴儿面临的基本冲突是( )。⑤

  A. 主动性对内疚 　　　　　　　 B. 基本信任对不信任

  C. 自我统一性对角色混乱 　　　　 D. 自主性对害羞

6. 幼儿看见同伴欺负别人会生气,看见同伴帮助别人会赞同,这种体验是( )。⑥

  A. 理智感 　　　 B. 道德感 　　　 C. 美感 　　　 D. 自主感

7. 在商场4~5岁的幼儿看到自己喜爱的玩具时,已不像2~3岁那样吵着要买;他能听从成人的要求,并用语言安慰自己:"家里有许多玩具了,我不买了。"对这一现象最合理的解释是( )。⑦

  A. 4~5岁幼儿形成了节约的概念

  B. 4~5岁幼儿的情绪控制能力进一步发展

  C. 4~5岁幼儿能够理解玩其他玩具同样快乐

  D. 4~5岁幼儿自我安慰的手段有了进一步发展

8. 教师对幼儿说:"不准乱跑,不准插嘴,不准争⋯⋯"这样的话语,所违背的教育原则是( )。⑧

  A. 正面教育 　　 B. 保教结合 　　 C. 因材施教 　　 D. 动静交替

---

① 2012年下半年幼儿园教师资格考试《保教知识与能力》试题。
② 2013年上半年幼儿园教师资格考试《保教知识与能力》试题。
③ 2013年下半年幼儿园教师资格考试《保教知识与能力》试题。
④ 2013年下半年幼儿园教师资格考试《保教知识与能力》试题。
⑤ 2014年上半年幼儿园教师资格考试《保教知识与能力》试题。
⑥ 2015年上半年幼儿园教师资格考试《保教知识与能力》试题。
⑦ 2016年上半年幼儿园教师资格考试《保教知识与能力》试题。
⑧ 2017年下半年幼儿园教师资格考试《保教知识与能力》试题。

二、论述题

李老师设计了一个"三只蝴蝶"的游戏活动,她选了三名幼儿扮演蝴蝶,又选了一些幼儿扮演花朵,结果幼儿兴趣不高,表现被动,还没等游戏结束,一个幼儿就问李老师:"老师,游戏完了吗?我们可以自己玩了吧?"对这种现象,请从幼儿游戏特征和游戏指导的角度进行阐述。①

三、材料分析题

1. 幼儿园只有一架秋千,幼儿都很喜欢玩。大二班在户外活动时,胆小的诺诺走到正在荡秋千的小莉面前,请小莉把秋千让给他玩,小莉没理会他。诺诺就跑过来向老师求助:"老师,小莉不让我荡秋千……"

   对此,不同的老师可能会采取下面不同的回应方式:

   教师A:牵着诺诺的手走到小莉面前,说:"你们的事情我知道了,我现在想看小莉是不是个懂得谦让的孩子,小莉你已经玩了一会了,现在能不能让诺诺玩一会呢?"小莉听了后,把秋千让给了诺诺。

   教师B:"你对小莉怎么说的呢?"诺诺:"我说我想玩一会儿。"想到诺诺平时说话总是低声细气的,老师就说:"是不是你说话声音太小了,她没有听清楚呢?现在试着大声地对她说'我真的想荡秋千,我已经等了很久了!'如果这样说还没给你,你就回来,我们再想别的方法……"

   请分析上述两位老师回应方式的利弊,并说明理由。②

2. 4岁的石头在班上朋友不多。一次,他看见林琳一个人在玩,就冲上去紧紧地抱住林琳。林琳感到不舒服,一把推开了石头。石头跺脚大喊:"我是想和你做朋友的啊!"

   (1) 请根据上述材料,分析石头在班里朋友不多的原因。

   (2) 教师应如何帮助石头改善朋友不多的状况?③

3. 毛毛是个活泼的孩子,在这学期体检时,毛毛被检查出弱视,需要戴眼镜治疗。李老师发现毛毛戴眼镜之后变得沉默了,有时还把眼镜摘下来不戴。李老师关心地询问毛毛,毛毛说怕小朋友笑话,所以不想戴。于是李老师组织了一次"眼睛生病了怎么办"的集体活动。活动后,幼儿都知道眼睛生病了要治疗,毛毛戴眼镜也是为了治疗。毛毛又戴上了眼镜,如同过去一样活泼好动了。

   (1) 李老师组织这次活动主要解决的问题是什么?

   (2) 李老师的做法有哪些方面值得我们学习?④

---

① 2013年上半年幼儿园教师资格考试《保教知识与能力》试题。
② 2014年下半年幼儿园教师资格考试《保教知识与能力》试题。
③ 2018年下半年幼儿园教师资格考试《保教知识与能力》试题。
④ 2021年下半年幼儿园教师资格考试《保教知识与能力》试题。

模块七

幼儿偏差行为观察与应对

模块导读

在幼儿园工作中,幼儿出现的各种偏差行为会引起保教人员的特别重视。本模块以偏差行为中的攻击性行为、破坏行为和社会退缩行为为例,重点呈现如何运用行为观察来应对幼儿的偏差行为。在学习的过程中,要能够掌握偏差行为的应对流程,并能有效引导幼儿纠正偏差行为。

学习目标

1. 了解偏差行为的含义与指导要点。
2. 掌握以攻击性行为、破坏行为和社会退缩行为例的偏差行为应对流程。
3. 能有效运用行为观察应对幼儿偏差行为。

内容结构

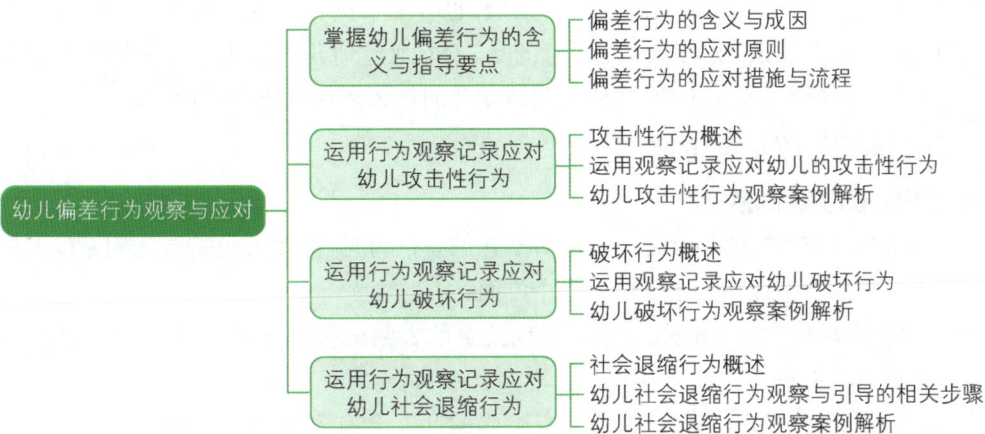

任务一　掌握幼儿偏差行为的含义与指导要点

案例导入

　　小高老师是一名刚毕业的保教人员,他在工作过程中发现班上 4 岁的小杰最近几周常会因为一些小事就发脾气,并捡起身边的东西向惹他生气的人丢过去。班上的同伴害怕他,讨厌他,也对他感到生气。小高老师尝试过批评小杰,还试着和他讲道理,但是都没有效果。尤其是当他生气的时候仍然会扔东西,这让刚入职的小高老师感到很苦恼。

　　大部分保教人员在发现幼儿出现偏差行为之后会马上去处理,但干预的效果并不理想。干预和引导幼儿偏差行为是非常重要的,但如何有效干预与引导才是关键。

任务要求

　　1. 掌握偏差行为的含义与成因。
　　2. 掌握偏差行为的应对原则。
　　3. 掌握应对偏差行为的处理措施以及应对流程。

一、偏差行为的含义与成因

(一) 偏差行为的含义

　　偏差行为指"显著异于常态而妨碍个人正常生活适应的行为"[①],是一种与一定的社会行为标准、道德规范或价值观相违背的行为。从广义上看,偏差行为可以解释为异于普通人所表现出的一切行为。从狭义上看,偏差行为主要指情绪障碍、性格异常或行为异常等。存在偏差行为的幼儿会表现出与同龄幼儿行为上的差异,既影响幼儿自身发展,也容易对同伴产生不良影响。幼儿的偏差行为主要表现为攻击、破坏、焦虑、退缩等。需注意的是,不能通过幼儿偶尔出现的个别行为直接判定其为偏差行为,只有某种行为反复出现,才能表明该幼儿的行为表现可能存在偏差。

(二) 导致偏差行为产生的因素

1. 幼儿内在的生理因素

　　生理因素是容易被忽视的因素之一。应对幼儿偏差行为时,保教人员需要先判断幼儿的行为是否与其生理因素相关。生理因素主要包含三个方面:

　　① 与不同年龄的发展特点相关。例如,学前儿童的大脑皮质发育不完善,兴奋占优势可能导致幼儿好动且注意力不集中。

　　② 与生理上的缺陷相关。例如,视觉上有障碍的幼儿会有不安全感,可能会展现出不愿尝试、笨拙、无法遵循指示、故意违规等特点。

　　③ 与疾病相关。例如,当幼儿感冒头疼或不舒服时,对于挫折的忍受程度降低,容易生气哭闹等。

---

① 林朝夫. 偏差行为辅导与个案研究 [M]. 台北:心理出版社,1991.

2. 幼儿园物质环境因素

幼儿的活动环境很重要,环境会助长或抑制某些行为的发生。例如,过于空旷且没有间隔的教室,容易让幼儿奔跑且易出现幼儿之间的肢体碰撞;过于狭窄的空间也会增加推挤、肢体碰撞的可能,间接增加了幼儿间的攻击性行为;活动材料的不足可能造成幼儿之间的争执行为。保教人员需要学会评估班级中物质环境对幼儿偏差行为产生的影响。

3. 幼儿园活动安排因素

幼儿园一日生活中的活动类型多种多样,给幼儿带来了丰富的体验。然而,活动安排不合理往往会导致幼儿出现偏差行为。例如,活动安排没有做到动静结合、活动地点噪音过大、集体活动过难或枯燥以及活动量过大时,都有可能导致幼儿出现注意力不集中、退缩、攻击等偏差行为。

4. 幼儿家庭环境因素

家庭因素对于幼儿的影响是最大的,亲子间的依恋关系、家庭给幼儿的压力等都会对幼儿的行为产生影响。父母在繁忙的工作之余无法留给幼儿足够的时间,很有可能影响亲子间的依恋关系,不安全的依恋可能会带来易怒、焦虑等不可预测的影响。同时不同的教养方式也会带来不同的影响,比如放任忽视型教养方式下的幼儿可能会消极,民主权威型教养方式下的幼儿可能会善于交流。此外,家庭的作息、父母之间的关系等,均会影响幼儿的行为。

5. 成人不当行为因素

成人与幼儿的互动中,也会因为自身不当的行为演示导致幼儿出现偏差行为。

① 成人的不当期待。幼儿每一个阶段的发展具有不同的特征、需求和行为表现等,成人的要求不当会对幼儿造成困扰。例如,父母对于3岁的幼儿无法老老实实坐在小椅子上听教师讲述知识的焦虑,可能会让幼儿产生更大的挫折与愧疚感。

② 成人自身的不当行为。成人的行为是幼儿重要的模仿对象,当成人出现不当行为的时候,幼儿很有可能会模仿形成偏差行为。例如,父母体罚孩子也可能会让幼儿学习到打人是解决问题的方法。

作为保教人员,应当了解幼儿的发展特点,发现幼儿的最近发展区,帮助家长提出适当的期待和要求,减少不当的互动。

二、偏差行为的应对原则

(一)理解与尊重幼儿原则

同龄幼儿的发展阶段有相对的一致性,但同龄幼儿之间仍存在个体差异。幼儿还受到不同社会文化、家庭文化等的影响,因此应对偏差行为时教师首先要做到理解与尊重幼儿。

幼儿出现的偏差行为会影响保教工作。在一日工作中,保教人员会面对幼儿打人、不愿意交友、在地上乱扔玩具、随意在班级中走动等行为。面对这些偏差行为,保教人员需要基于理解的立场,尝试分析幼儿行为背后的需求。

幼儿的行为都是"事出有因"的。幼儿的生活经历无时无刻不在影响他们的成长,保教人员应当了解幼儿的发展,尊重幼儿的行为和个体差异,理解幼儿的需求和困难,在观察中寻找幼儿偏差行为的成因,探索偏差行为解决的适宜途径。

(二)积极与家庭合作原则

家庭对于幼儿行为的影响至关重要,保教人员应对幼儿的偏差行为时必须坚持与家庭保持密切的合作才能达到理想的干预效果。在与家庭合作时,需要注意三个原则。

1. 信任与尊重

信任与尊重是合作的基础,教师和家庭之间的互动必须建立在互相信任、互相尊重的基础上。双方建立了信任关系,围绕幼儿偏差行为展开合作干预才能更加高效。两者之间信任与尊重关系的建立需要一定时间,保教人员应在日常工作中注意与家长之间沟通关系的建立。保教人员与家长的交流要坦诚,更要对幼儿的行为提出专业性建议,这样才能有利于双方信任感的建立。

2. 及时沟通

当保教人员发现幼儿出现偏差行为时,需要及时与家长进行沟通。沟通前,保教人员需要事先整理好需要沟通的内容,尤其是已有的观察记录。需要注意的是,在与家长沟通时,除了涉及幼儿的偏差行为,还应涉及该幼儿的优点、喜爱的活动、同伴关系等,既能减少家长的焦虑感,也能避免成人过度负向解读幼儿的行为。同时,在与家长沟通时应展示出积极面对幼儿偏差行为的态度和愿望。此外,还需要注意倾听家长的心声,注意和家长建立伙伴关系,协商一些在幼儿园和家庭中的干预策略,达成后续持续沟通的共识。

3. 善于处理双方意见上的分歧

当家长和保教人员意见不一致或家长显示出难以沟通的态度时,保教人员需要注意积极处理这些分歧。家长得知幼儿的偏差行为时,往往会出于防备心理否认幼儿的偏差行为,甚至可能会产生愤怒和敌意。这时保教人员更应保持镇静,尝试换位思考,注意沟通时的语气和措辞,这样有助于削弱来自幼儿家长的敌意,并能展示教师的专业能力。

三、偏差行为的应对措施与流程

(一)偏差行为的应对措施

1. 积极预防偏差行为发生

该措施的目的是在偏差行为发生前及时阻止。教师要多观察幼儿的行为,了解什么因素会造成偏差行为,通过排除风险因素减少行为的发生或根据风险因素的特点预测偏差行为何时发生进而阻止。例如,教师注意到某幼儿在拥挤的地方被推挤之后会出现打人的行为,教师可以调整空间安排以减少打人行为;又如,某幼儿若操作不成功容易攻击附近的幼儿,教师可以事先站在该幼儿附近以预防打人行为。

阻止与预防无法解决所有的问题,但可以减少行为的发生以及引导幼儿寻找克服问题的方法,对于自我控制和表达能力较弱的幼儿,尤其是年龄较小的幼儿,特别有效。

2. 强化正向行为

若要减少幼儿的偏差行为,需要让幼儿知道哪些行为不被接受的同时也知道哪些行为是被接受和鼓励的。斯金纳的强化理论指出,行为的后果在一定的程度上会影响该行为是否重复发生。保教人员可以多使用正向强化,并注意选择适当的时机以干预幼儿的偏差行为,让幼儿逐渐明白何种行为是被期待的,从而展现出更多适宜行为。

保教人员应注意发现幼儿身上的闪光点,尤其是与偏差行为相对应的正向行为,进行正强化。例如,当打人的幼儿尝试与他人积极沟通时,给予正强化;当爱哭的幼儿尝试停止哭泣时,给予正强化;当撕书的幼儿正确翻阅书籍时,给予正强化。

正向强化的方式有很多,包括微笑、触摸、视线接触、拥抱等。若选择口头上的强化,则需要注意语言上要真诚且具有意义,空泛的称赞和敷衍的承诺无法给幼儿带来正面的影响。物质上的强化需谨慎使用,可视情况使用黏纸等代币进行正强化。

3. 故意不理会

当幼儿一再重复同一件事影响保教工作或破坏班级秩序时,对其"故意不理会"也是一个有效的策略,特别是幼儿为了获得成人的注意而出现一些偏差行为时。但是需要注意,保教人员不应该每次都对幼儿的偏差行为采取忽视的策略,特别是当幼儿的偏差行为对其他幼儿造成了伤害时,保教人员的及时介入非常重要。

4. 特约时间

对于过度需求注意的幼儿,"特约时间"是有效的方法。部分幼儿会因为缺乏关注而试图通过偏差行为引起成人注意。保教人员可以专门给这些幼儿分配一些"特约时间"。"特约时间"可以安排在幼儿午休时间、一日生活的过渡环节等。在"特约时间"中,仅有该幼儿与保教人员两人单独相处,可以更深入地了解幼儿的内在需求。

5. 独处时间

部分幼儿出现偏差行为是由于无法适应班级中的一些活动节奏,或因为其他原因情绪无法稳定,需要一定的时空进行自我修整。保教人员可以根据幼儿的需要在班级中创设一些"安静角"供需要安静、调整情绪的幼儿使用。

(二)基于观察的应对流程

当保教人员发现班级中的一些幼儿反复出现某些偏差行为时,应当意识到该幼儿是需要成人及时帮助的。针对幼儿的偏差行为,保教人员应该在充分观察的基础上,了解该幼儿行为出现的原因,并制订相应的干预策略,以应对幼儿的偏差行为。具体流程如图 7-1-1 所示。

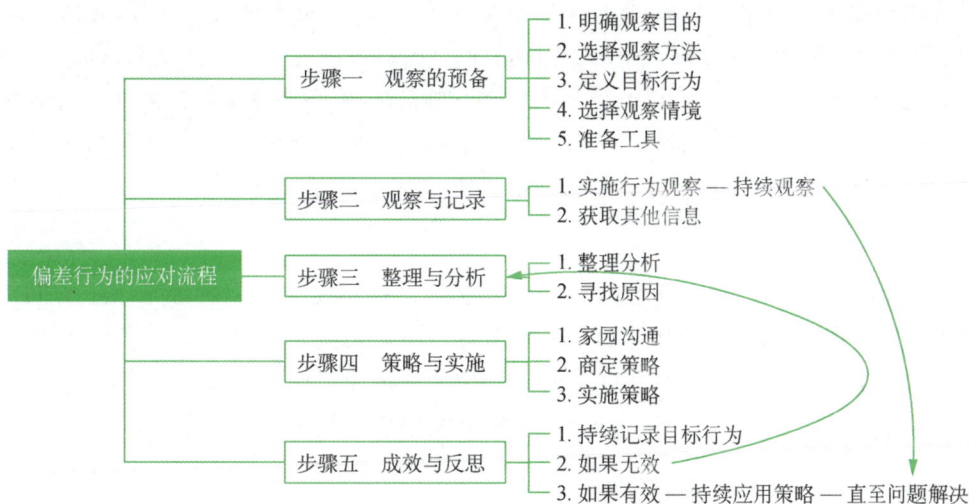

图 7-1-1　偏差行为应对流程示意图

1. 观察的预备——明确目标,细心观察

在观察前,保教人员应该明晰自己的观察目的,选择适宜的观察方法,对需要观察的幼儿偏差行为进行操作性定义,选择针对幼儿偏差行为的具体观察情境和地点,携带必备的观察记录工具。

2. 观察与记录——获取资料,记录翔实

保教人员完成观察前的准备之后,可以开始观察。对于幼儿的偏差行为需要坚持多次观察,直到获得足够多的信息。同时,保教人员还应该通过更多途径获得关于该幼儿更全面的信息,主要包括家长访谈、同伴访谈、其他教师访谈。

3. 整理与分析——整理资料,寻找原因

资料收集后,保教人员需要及时整理观察资料,特别是对于录音、录像、照片等音像资料进行文字转录整理。在此基础上,教师可以结合《指南》及其他幼儿行为发展指标进行评价。同时,保教人员还需要结合幼儿的自身因素、情境因素、家庭因素、同伴因素和师幼关系等因素,分析幼儿出现偏差行为的可能原因。

4. 策略与实施——制订策略,实施策略

结合观察与分析资料,保教人员需要及早与出现偏差行为的幼儿家长进行沟通,并提出适宜的家园合作策略建议。

5. 成效与反思——持续追踪,方法改进

策略实施之后,保教人员需要进一步持续进行观察与记录,了解应对策略是否有效。如果发现应对策略无效,保教人员需要继续实施行为观察,回归步骤三重新分析、制订策略,直至策略有效。如果有效,继续实施行为观察以及相关策略,尤其是强化其正向行为,直到目标行为不再出现。后续保教人员也需要持续关注该幼儿,持续强化其正向行为。

任务二　运用行为观察记录应对幼儿攻击性行为

案例导入

乐轩今年上中班了,是个外向、友善、热情的幼儿。他喜欢在角色区和建构区玩游戏。乐轩喜欢在同伴团体游戏中当领袖,指挥其他幼儿行动,给同伴指定角色。通常,其他幼儿会跟着乐轩一起玩,如果谁不和他玩,乐轩就打谁,打人之后就掉头走掉。发现这种情况时,班上教师会批评他,告诉他这样的行为已经伤害了其他小朋友,他应当去道歉。但乐轩总是嘟着嘴不肯去。尽管教师一再和乐轩说打人是不对的,其他幼儿并不喜欢他打人,但乐轩仍然存在这样的行为。保育教师不解:为什么好像和乐轩讲道理,但就是没有效果呢?

不同年龄阶段的幼儿皆可能出现攻击性行为,这是一种不受欢迎但却经常发生的同伴冲突行为。当一个幼儿经常打人时,会给其他幼儿带来伤害。保教人员如果放任不管,会给班级带来不良的影响。作为保教人员,如何应对幼儿这类偏差行为十分重要。如果方法不得当,可能会在无形中强化该幼儿的攻击性行为并有可能伤害到幼儿,如果能用适宜的方法进行应对,将会有效减少攻击性行为的发生。

任务要求

1. 掌握幼儿攻击性行为的含义及成因。
2. 掌握观察和记录幼儿攻击性行为的步骤。
3. 能够运用观察记录应对幼儿的攻击性行为。

一、攻击性行为概述

(一)攻击性行为的含义

攻击性行为是一种以伤害他人或他物为目的的行为,是一种不受欢迎但却经常发生的行为[①]。其行为对他人的伤害并不局限在生理上,还包括心理上的伤害。

按照攻击的目的可以将攻击性行为分为工具性攻击和敌意性攻击。工具性攻击是指幼儿为了

---

① 陈帼眉. 学前心理学[M]. 北京:北京师范大学出版社,2015.

获得某些物品而伤害他人,敌意性攻击则是以伤害他人为主要目的进行攻击。在攻击中幼儿可能会出现针对生理上的攻击性行为,如打人、咬人、砸人等;心理上的攻击性行为则包括威胁、排挤等。攻击性行为涵盖面较广,不同类型的攻击性行为有不同的含义。保教人员在应对攻击性行为时应该针对具体的攻击性行为类型进行分析与应对。

学前儿童处于社会化发展的初级阶段,攻击性行为可能是部分幼儿解决同伴冲突的一种方式。但解决冲突的方式有很多,不论是伤害他人的幼儿,还是被伤害的幼儿,都会在攻击性行为中受到不良的影响。保教人员需要谨记,不管出于什么原因,攻击性行为都是不被允许的。

(二) 幼儿攻击性行为产生的原因

攻击性行为涵盖的行为种类较多,不同类型行为背后的原因各异。保教人员需要根据幼儿相应的行为表现进行细致观察,才能找出幼儿攻击性行为背后的原因。例如,有的幼儿打人可能是为了获得关注;有的幼儿向别人扔东西可能是因为想要表达他的消极情绪;有的幼儿的攻击性行为可能是对家庭或者影视作品中的以及同伴的攻击性行为的模仿。

(三) 幼儿攻击性行为的发展特点

学前阶段出现的攻击性行为,主要是以工具性攻击为主。随着年龄的增长,工具性攻击逐渐减少,敌意性攻击会逐渐增多。此外,也有研究者认为,男孩更倾向肢体攻击,女孩更倾向语言和关系攻击。

二、运用观察记录应对幼儿的攻击性行为

幼儿的肢体攻击较容易因引起骚乱,从而引起教师注意。但幼儿之间的语言冲突和关系冲突则较为隐蔽,不易被察觉,更需要保教人员细致观察。面对幼儿的攻击性行为,保教人员需要重视并思考如何引导幼儿改变行为。应运用恰当的观察方法,记录幼儿攻击性行为发生的脉络,了解幼儿攻击性行为背后的原因,找出适合应对幼儿攻击性行为的解决策略。当幼儿频繁出现攻击性行为的时候,保教人员需先针对该幼儿进行行为观察。具体可以从以下五个方面进行操作。

(一) 观察开始前的准备

为了解决目标幼儿的攻击性行为,了解攻击性行为背后的原因,以协助幼儿不再发生攻击性行为,保教人员需要了解攻击性行为的发生始末。

1. 明确观察目的

保教人员可以结合下述四方面的问题聚焦自己的观察目的:

① 攻击性行为通常发生在什么时间、地点:发生在任何时间,不可预测;一日生活的某些环节中,如刚入园的时候、区域活动、午餐、午睡等;任何地点,不可预测;室内或室外;某一学习区或地点,如厕所、阅读区、建构区等。

② 什么因素引起攻击性行为:因为别人手上有自己想要的东西;自己手上的东西被人拿走了;正在生气;受到挫折;被拒绝或被排挤;发生争执;被人推挤;在做自己不想做的事情。

③ 谁是被攻击的对象:总是同一个幼儿或同一群幼儿;任何一个幼儿;胆小的幼儿;固执的幼儿;年龄或体型较大或较小的;男孩或女孩;成年人。

④ 攻击他人后发生了什么:在攻击前是否有环顾四周;承认或否认攻击他人;更加生气;被攻击的幼儿反击;继续攻击同一对象或更换对象;道歉;假装没有发生过。

2. 选择观察方法

为了达成观察目的,需要根据不同观察方法的特点选择合适的观察记录方法。攻击性行为的出现会在一定的情境下,比较适合采用事件抽样法、轶事记录法和行为检核法等。

3. 定义目标行为

保教人员必须对目标行为进行清晰的操作性定义。攻击性行为的定义比较广,不同的角度存在不同的分类,且展示出来的行为也会不同,需要根据目标行为的特点进行详细的定义。例如:咬人,是指一个人的牙齿陷入另一个人身体任一部位的行为。

4. 选择观察情境

在确定目的、观察方法、定义目标行为之后,观察者必须选择可以获得目标行为相关信息的观察情境和地点,主要考虑在什么时间、什么地点、什么情境下出现的行为符合观察目的以及便于实施观察记录。但是对攻击性行为难以预想具体的时间、地点、情境,可以事后根据几次观察的结果总结归纳相应情境。

此外,还需要根据观察的需求准备相应的工具。对于幼儿的攻击性行为,保教人员可以采用纸笔记录,也可以使用手机、录像机、录音笔等进行影像资料收集。

(二)运用观察法收集攻击性行为的资料

当观察者做好观察前的准备之后,就可以获取相应资料了,且在幼儿行为得到纠正之前不应停止观察与记录。

1. 实施对幼儿攻击性行为的观察

针对幼儿攻击性行为的出现,保教人员可以采用描述法与抽样法相结合的方法进行记录。记录的重点包括:

① 幼儿的基本信息:姓名、年龄、性别、行为出现的场景。

② 攻击性行为的持续时间:根据观察目的可以选择记录目标行为开始和结束的时间。

③ 攻击性行为出现的主要经过:攻击性行为在哪里发生,现场有哪些人,正在进行什么活动,目标行为出现之后还发生了什么事。

2. 获取关于幼儿攻击性行为的其他信息

幼儿攻击性行为的成因较为复杂,仅凭观察记录可能无法全然了解,所以需要通过其他渠道获取相应信息以进行应对。

① 家长访谈:结合幼儿的行为观察资料,与家长沟通,了解幼儿在家表现以及是否也有出现相应的攻击性行为。

② 同伴访谈:通过与幼儿的同伴沟通来获取相关的信息。

③ 其他教师访谈:与其他教师沟通,分享彼此对于该幼儿的观察记录。

(三)整理资料,分析攻击性行为的成因

伴随着观察与记录的实施,观察者会逐渐累积观察资料。通过对观察资料的整理与分析,可探寻幼儿相应攻击性行为产生的原因。保教人员可以结合观察资料、访谈资料等对幼儿攻击性行为进行综合分析,结合幼儿的自身因素、情境因素、家庭因素、同伴因素和师幼关系等因素,分析目标行为产生的原因。

(四)针对幼儿攻击性行为提出干预对策

没有百分百适用于任何攻击性行为的应对策略,在了解幼儿行为的原因之后,应根据整理分析得出的原因及相关因素,结合目标对象的特点制订适合其行为改变的策略,以预防或纠正问题行为。

例如,如果幼儿出现攻击性行为的原因是故意吸引其他人的注意,则要进一步了解幼儿吸引人注意的内在心理动机,以应对幼儿的需求。同时,可以通过一些消极强化的策略进行干预。在制订与实施的过程中,为使策略效果最大化,教师必须和家长共同合作寻找解决途径,达成持续沟通、相互合作的共识。

(五)持续追踪,改进干预策略

在针对攻击性行为的干预策略实施之后,需要进一步了解幼儿的攻击性行为是否得到改善。如果有效,继续实施行为观察以及相关策略,直到目标幼儿不再出现攻击性行为。如果无效,则需要重新分析幼儿的行为并制订策略,直到策略有效为止。

三、幼儿攻击性行为观察案例解析

> **案例**
>
> 小勋是一名4岁男孩。保育员小高老师发现:今天已经是小勋这个礼拜第三次打人了,给班里其他幼儿带来了不良影响。小高老师计划针对小勋打人这一攻击性行为进行系统观察,从而制订应对策略。

针对小勋的情况,小高老师具体可从以下四个方面进行操作。

(一)观察开始前的准备

为了详细分析小勋攻击性行为背后的原因并协助该幼儿不再产生攻击性行为,小高老师需要了解其攻击性行为的发生始末。

1. 明确观察目的

小高老师将观察小勋在一日生活中的攻击性行为作为观察目的。在这一目的下,小高老师又确定如下具体问题:①小勋通常什么时候会打人? ②什么因素引起这个行为? ③谁是受害者? ④小勋打人后发生了什么?

2. 选择观察方法

结合上述观察目的,小高老师选择事件抽样法对小勋的攻击性行为进行观察记录。

3. 定义目标行为

小高老师通过查阅文献发现,小勋的攻击性行为属于身体攻击,是指幼儿直接动手,采用肢体、打、蹦、冲、踢,甚至是抢夺别人的东西这样的形式实施的攻击性行为。

4. 准备观察工具

在对小勋进行观察时,小高老师随身携带记录表、便笺、笔、录音笔、手机等材料用于收集文字和音像资料。

(二)运用观察法收集攻击性行为的资料

1. 实施行为观察与记录

如表7-2-1所示,小高老师针对小勋的攻击性行为制订了专门的观察记录表,并进行了观察记录。

表 7-2-1 小勋攻击性行为观察记录表

观察对象：小勋		性别：男	年龄：4 岁
观察目标	了解小勋的攻击性行为。		

攻击次数	日期、时间、地点	事件发生前	事件经过	事件发生后	备注
2	2021.11.1 10:10 室内建构区	小勋在建构区搭积木，旁边的小欣拿走了他作品中的一块积木。	小勋走过去说："你干吗拿我东西？"同时，一只手抓着积木的一头，一只手连续拍击小欣的手背。	小欣哭了，跑过去和教师说小勋打她，小勋说："我没有，是她拿走了我的积木。"张老师和小勋说："不管怎么样，打人都是不对的，下次不可以打人了。"	
	2021.11.1 14:30 户外操场	小勋从沙池出来之后，走向放呼啦圈的地方，但是那里已经没有呼啦圈了。	小勋跑到诗诗旁边，一把拉住她的呼啦圈，两个人相互拉着，直到诗诗摔倒。	教师走过来让小勋松开手，小勋马上丢下呼啦圈跑开了。张老师跑过去拉住小勋，告诉他打人是不对的，下次不可以再打人了。	
3	2021.11.2 9:55 户外操场	早操时间，小勋和班上的同伴一起在做早操。旁边的小白做伸展运动时碰到了他的手。	小勋说："你打了我一下，我要打回去。"说着，手伸过去打向小白的手。小白躲开了，小勋就在小白背上打了一下。	小白说："不疼不疼，你打不疼我。"小勋就继续打了两下，直到张老师走过来让小勋离开队伍去后面冷静一下。	
	2021.11.2 10:15 室内厕所	小牛在厕所里面和小勋说他的阿姨给他买了奥特曼的玩具，小勋说："拿出来看看。"小牛从口袋里拿出来给小勋看。	小勋拿着奥特曼玩具摆弄着，小牛说："好了，你可以还给我了。"小勋没有回应他，继续玩，小牛手伸向小勋手上的玩具，小勋把小牛推倒在地。	小牛哭了起来，张老师走过来了解情况后，让小勋把玩具还给小牛，并向他道歉。小勋说："我又没有做错事。"张老师说："不管怎么样都是不可以打人的。"	
	2021.11.2 10:20 室内阅读区	小勋在阅读区里和乐轩、佩斌说："今天我要当奥特曼，你们当怪兽。"乐轩说："我才不要。"	小勋推倒佩斌和乐轩，说："不玩也要玩，你们就是怪兽。"然后用脚踢他们。	张老师跑过来说："刚让你不要打人了，你怎么还打人？而且阅读区不是让你们这么玩的，请你离开阅读区，接下来的区域活动时间你就待在老师旁边吧。"	

2. 获取关于幼儿攻击性行为的其他信息

（1）家长访谈

小勋来自一个四口之家，爸爸妈妈做生意比较忙。家里有一个弟弟，刚满 1 岁，家里人现在大部分时间都在照顾弟弟。在家庭中，小勋爸爸会因为他不听话就动手打他。小勋最近在家里比较容易发火，也会打人。

（2）同伴访谈

小勋的同伴指出：小勋很霸道；最近常常打人，喜欢抢同伴的东西；不喜欢小勋。

（3）其他教师访谈

主班教师张老师对小勋的评价：小勋喜欢领导别人；小勋之前还挺乖的，最近才开始打人；小勋会很积极地帮自己做事情，比如排椅子、摆东西。

（三）整理资料，分析攻击性行为的成因

小高老师每天下班后都会整理关于小勋攻击行为的观察记录，将其装入一个文件夹进行归档记录。

小高老师针对小勋攻击行为的观察记录，进行了分析、整理，具体如表7-2-2所示。

表7-2-2 小勋攻击性行为符号代码观察表

观察对象：小勋		性别：男		年龄：4岁		目标行为：攻击性行为	
攻击原因	A＝物品抢夺；　B＝肢体触碰；C＝社会因素						
发生时间	a＝区域活动；　b＝早操时间；　c＝如厕时间；　d＝户外活动； e＝集体活动；　f＝午餐时间；　g＝离园前						
日期	第一次	第二次	第三次	第四次	第五次	原因小计	时间小计
11.1 （共2次）	A/a	A/d	/	/	/	A：2次	a：1次 d：1次
11.2 （共3次）	B/b	A/c	C/a	/	/	A：1次 B：1次 C：1次	a：1次 b：1次 c：1次
11.3 （共5次）	B/b	B/e	B/a	A/a	B/f	A：1次 B：4次	a：2次 b：1次 e：1次 f：1次
11.4 （共4次）	B/b	A/a	A/d	A/g	/	A：3次 B：1次	a：1次 b：1次 d：1次 g：1次
小结	4天内攻击性行为共计14次，平均每天3.5次。 7次物品抢夺，以区域活动抢夺材料或玩具居多； 6次肢体碰触，发生在户外活动时间居多。						

经过上述分析，小高老师对小勋攻击性行为的成因进行了如下分析：

（1）自身因素

小高老师发现小勋实施的物品抢夺属于工具性攻击，肢体碰触属于敌意性攻击。当前小勋处于自我中心阶段，难以站在他人角度看事情。另外，在记录表中可以看出小勋喜欢奥特曼，在一次打人事件中可能是在模仿奥特曼，电视上的攻击性榜样会强化幼儿的攻击性行为。

（2）家庭因素

基于访谈，小高老师发现小勋的父亲会打他，这种打人行为本身就给了小勋不良示范。小勋实则渴望父母的关注，父母亲比较忙，对小勋缺乏关注，家里弟弟由于年纪小更受关注，可能会导致小勋产生不良情绪与行为。

（3）班级中的其他环境因素

班级中存在排队时空间拥挤的问题，观察的四天中有三天的早操环节，小勋与同伴出现了肢体碰撞，这可能和活动空间安排过于拥挤有关。

（四）针对幼儿攻击性行为提出干预对策

小高老师邀请小勋的爸爸妈妈来到幼儿园，就她的观察记录和小勋的爸爸妈妈进行了讨论，最后双方共同制订了下面的措施。

1. 幼儿园中的干预策略

① 阻止与预防小勋打人：进行空间上的调整，小勋较容易在建构区和早操时间出现打人行为，

小高老师和班上其他教师决定,调整早操队伍和建构区的空间,适当减少肢体触碰。同时,如果发现小勋有打人的迹象及时阻止。

② 强化适当的社会行为:当小勋能妥善处理问题时,教师们需要及时给予肯定和鼓励。

③ 特约时间:大家一致认为小勋可能是为了寻求注意,接下来会给小勋安排特约时间。同时,张老师需要注意尽量避免强化小勋的打人行为。

④ 再指导:教师会和小勋讨论他的行为以及适当的处理方式,并鼓励小勋寻找解决问题的其他路径。

⑤ 自我控制时间:当小勋攻击性行为严重且上述方法无效时,将会启用"自我控制"时间,幼儿园将会安排"自我控制区域"。

2. 家庭中的干预策略

① 强化适当的社会行为:当小勋能妥善处理问题时,爸爸妈妈需要及时给予肯定和鼓励。

② 父亲停止打人行为:父亲的打人行为可能是小勋模仿的对象,爸爸需要停止打人行为,展示出解决问题的其他途径供小勋模仿。

③ 给予幼儿适度的关心:小勋的行为部分原因在于希望获得关注,家人需要站在小勋的角度思考对待两个孩子的方式,减少小勋的不公平感。

④ 电视节目的正确引导:避免小勋观看打斗类动画片,或在家长陪同下观看并就部分情节内容进行探讨。

(五)持续追踪,改进干预策略

首先,小高老师评估了针对小勋攻击性行为干预策略的有效性。干预策略实施前小勋的攻击性行为数量为:4天打人14次,平均每天打人3.5次。实施策略之后,小高老师针对小勋的打人行为持续记录:小勋在策略实施之后的第一周内出现了10次打人事件;第二周出现了8次打人事件;第三周仅出现了2次打人事件,打人次数的减少证明了制订的策略是有效的。

其次,小高老师决定,继续实施行为观察以及相关策略,尤其是强化其正向行为,一直到小勋不再出现打人行为。

第五周之后,小勋的攻击性行为不再出现。教师仍对小勋的社会行为多加注意,并继续强化其正向行为。

任务三　运用行为观察记录应对幼儿破坏行为

案例导入

佩文小心地将游戏卡片排列在桌子上,5岁的雨欣走近,举手大力一扫,把卡片扫落一地,佩文大叫起来。教师走过来说:"雨欣你不可以这样,你为什么要这么做呢?佩文这么认真排好的卡片被你弄掉了,请你现在马上把卡片捡起来。"雨欣站在那一动不动。"雨欣,请你现在马上把卡片捡起来。"雨欣还是一动不动,过了一会儿才捡起一张卡片。

那天,雨欣还踢倒了建构区的积木,弄乱了小勋放整齐的图书,把值日生排好的鞋子都扯了下来。教师们开始有些紧张,因为雨欣越来越频繁地破坏别的幼儿的作品,却无法有效制止她这样的行为。

这是一个5岁幼儿破坏他人作品的行为。此类行为在幼儿园中并不少见,有的幼儿或许会破坏玩具、撕掉书本或者教师的环创,也可能浪费物品或像案例中提到的破坏别人的作品。在幼儿园工作中,保教人员应当学会借助行为观察来了解幼儿行为背后的原因,制订行之有效的策略进行应对。

任务要求

1. 掌握幼儿破坏行为的含义及成因。
2. 掌握观察和记录幼儿破坏行为的步骤。
3. 能够运用观察记录应对幼儿的破坏行为。

一、破坏行为概述

(一)幼儿破坏行为的含义

幼儿破坏行为是指幼儿有意或无意地对物品或环境等造成伤害。

学会爱惜物品是幼儿园教育中重要的一部分,学校的设备、教玩具等都是幼儿学习的重要伙伴,需要妥善照料,才可以帮助大家一起学习。幼儿园的材料大多十分坚固,但有些环创、书籍或材料等比较容易损坏,幼儿在接触时教师应使其明白要爱护使用。但在实际生活中,有的幼儿会故意破坏教玩具等坚固的材料或他人的作品,对教室的安全造成威胁。但保教人员应清楚,不论什么原因,破坏行为都是不被允许的。

(二)幼儿破坏行为产生的原因

破坏行为涵盖的面很广,每个行为的背后所产生的原因很多,可能是一种也可能是多种,保教人员需要根据相应的行为表现进行观察才能找出行为背后的原因。例如,幼儿不会爱惜物品(书籍、教玩具等)的原因有很多,可能从未被教导过要小心保护这些物品,可能自己肢体不协调,可能是为了获得他人的注意,也可能是"破坏"这个行为本身具备一定的吸引力,或者其他有吸引力的因素(包括模仿)导致的。此外,也有可能是一种情绪的表达。所以不同行为表现背后的原因可能都是不一样的,需要根据相应的行为表现进行观察才能找出对应该行为背后的原因。

二、运用观察记录应对幼儿破坏行为

幼儿的破坏行为较为明显,一般幼儿的破坏行为容易引起教室的骚乱。当幼儿出现破坏行为的时候,保教人员需要介入处理,但是当某幼儿频繁出现破坏行为的时候,保教人员就需要有所警觉,思考如何引导幼儿改变行为。运用恰当的观察方法,记录目标幼儿的行为,了解幼儿破坏行为的原因和事件发生的脉络,可作为引导幼儿行为改变的路径与策略。

(一)观察开始前的准备

为了解决目标幼儿的破坏行为、了解破坏行为背后的原因,以协助幼儿不再产生破坏行为,保教人员需要了解破坏行为的发生始末。

1. 明确观察目的

保教人员可以结合下述六方面的问题聚焦自己的观察目的:

① 什么时候或什么地点会发生破坏行为? 例如:任何时间,不可预测;一日生活的某些环节中,像是刚来园的时候、区域活动、午餐、午睡等;任何地点,不可预测;室内或室外;某一学习区或地点,像是厕所、阅读区、建构区等。

② 该幼儿在产生破坏行为之前发生了什么？例如：该幼儿正在生气；该幼儿受挫；该幼儿被拒绝；该幼儿被排挤。

③ 该幼儿做出破坏行为之后会做些什么？例如：四处张望是否有大人在看；让教师注意他的破坏行为；试图掩盖破坏的结果；漠不关心；离开或仍停留在附近；承认或否认他的破坏行为；辩解物品为何坏了。

④ 通常谁是该行为的受害者？例如：任何人；教师；朋友；男孩或女孩；年龄或体型较大或较小的幼儿；和破坏者有冲突的；破坏者不喜欢的人。

⑤ 该幼儿通常破坏的是什么？例如：书籍；玩具；纸张；教具；金属、木质或塑料的物品等。

⑥ 该幼儿是如何破坏的？例如：用力扔在地上；扯破或撕开或折断；踩；泡水里；推倒或压扁；丢弃。

2. 选择观察方法

为了完成观察目的，需要根据不同观察方法的特点选择合适的观察记录方法。破坏行为的出现会在一定的情境下，比较适合采用事件抽样法、轶事记录法和检核表法等。

3. 定义目标行为

保教人员必须清晰目标行为的操作性定义，来了解所需观察的行为范畴。破坏行为的范围较大，通常幼儿会出现一种或几种破坏行为，保教人员需要在定义目标行为的时候聚焦一种破坏行为进行定义。例如：破坏玩具，指的是幼儿故意毁坏教具、玩具、器材设备等事件。

4. 选择观察情境

在确定目的、观察方法、定义目标行为之后，观察者必须选择可以获得目标行为相关信息的观察情境和地点，主要考虑在什么时间、什么地点、什么情境下出现的行为符合观察的目的以及便于实施观察记录。例如，观察幼儿破坏玩教具的行为，就需要思考什么情境下比较容易出现该行为，什么时间容易出现该行为，什么地点容易出现该行为。通常选择幼儿有机会接触教玩具的情境、时间、地点，教室内较教室外容易出现，区角时间、自由活动时间等容易出现，学习区等地点容易出现。在后续的观察实施中，可以根据已有的观察经验重新调整便于观察目标行为的观察情境。

此外，还需要根据观察的需求准备相应的工具。对于幼儿的破坏行为保教人员可以采用纸笔记录，也可以使用手机、录像机、录音笔等工具进行音像资料收集。同时，可以根据观察特点或是个人习惯准备相应的表格协助记录。

（二）运用观察法收集破坏行为的资料

当观察者做好观察前的准备之后，就可以获取相应资料了，且在幼儿行为得到解决之前不应停止观察与记录。

1. 实施对幼儿破坏行为的观察

针对幼儿破坏行为的出现，保教人员可以采用描述法与抽样法相结合的方法进行记录。记录的重点包括：

① 基本资料：姓名、年龄、性别、观察情境。

② 破坏行为的持续时间：根据观察目的选择行为开始和结束时间。

③ 破坏行为出现的主要经过：破坏行为在哪里发生，现场有哪些人，正在进行什么活动，目标行为出现之后还发生了什么事。

2. 获取关于幼儿破坏行为的其他信息

幼儿破坏行为的成因较为复杂，仅凭观察记录可能无法全然了解，所以需要通过其他渠道获取相应信息以应对幼儿破坏行为。

① 家长访谈：将对于幼儿的行为观察资料进行整理，与家长沟通，了解幼儿在家表现以及是否

也有出现相应的破坏行为。

② 同伴访谈:通过和幼儿的同伴沟通来获取相关的信息。

③ 其他教师访谈:保教人员可以和带班教师沟通,分享彼此对于该幼儿的观察记录。

(三)整理资料,分析破坏行为的成因

伴随着观察与记录的实施,观察者会逐渐累积观察资料。通过对观察资料的整理与分析,可寻找幼儿相应破坏行为产生的原因以及相关因素。保教人员可结合观察资料、访谈资料等内容对幼儿破坏行为进行综合分析。结合幼儿的自身因素、情境因素、家庭因素、同伴因素和师幼关系等因素,分析目标行为产生的原因。

(四)针对幼儿破坏行为提出干预对策

破坏行为背后的原因有很多,没有百分百适用的应对策略,了解原因之后,必须根据原因以及幼儿特点来制订适合其行为改变的策略,以做到预防或解决问题行为。例如,某幼儿时常将任一东西丢入马桶试图用水冲掉,背后的原因是幼儿对玩水或马桶感到着迷,教师可以通过提供多种触觉经验的活动、课程以及玩水的机会等引导幼儿减少该行为。在制订与实施策略的过程中,为使策略效果最大化,教师必须和家长共同合作寻找解决途径,对在幼儿园中和在家庭中的实施策略达成共识。

(五)持续追踪,改进干预策略

在针对破坏行为的干预策略实施之后,保教人员需要进一步了解幼儿的破坏行为是否得到改善。如果有效,继续实施行为观察以及相关策略,直到目标幼儿不再出现破坏行为,但仍须持续强化该幼儿的正向行为;如果无效,则需要重新针对幼儿的行为进行分析以及制订新策略,直到有效为止。

三、幼儿破坏行为观察案例解析

案例

小欣是一名 3 岁女孩,常常在教室里推倒别的幼儿的作品。保育员小高老师推断小欣的行为属于破坏行为中破坏他人作品行为,并针对该行为进行观察,制订了应对策略。

为了了解清楚小欣破坏行为出现的原因,小高老师具体从以下方面进行了操作。

(一)观察开始前的准备

1. 明确观察目的

小高老师将观察小欣在一日生活中的破坏行为作为观察目的。在这一目的下,小高老师又确定如下具体问题:①小欣什么时候会破坏其他幼儿的作品?②在破坏他人作品之前,小欣在做什么?③在破坏他人作品之后,小欣会做些什么?④通常谁是这个行为的受害者?⑤小欣通常会破坏哪些东西?⑥小欣通常是怎么破坏他人作品的?

2. 选择观察方法

根据观察目的,本次观察选择事件抽样法结合描述叙事的方式进行记录。

3. 定义目标行为

破坏他人的作品,是指任何故意去弄坏他人作品的举动,包括撕破、割开、弄脏、涂鸦、打翻、推倒、弄乱或其他任何破坏他人作品的行为。

4. 选择观察情境

幼儿主要会在区角时间、自由活动时间在学习区完成自己的作品,因此小高老师主要选择这些

时间和地点进行观察。

5. 工具的准备

在对小欣进行观察时,小高老师随身携带记录表、便笺、笔、录音笔、手机等材料用于收集文字和音像资料。同时为了记录事件发生的次数与时间,小高老师还准备了手表作为计时工具。

(二)观察与记录

1. 实施行为观察与记录

如表 7-3-1 所示,小高老师针对小欣的破坏行为制订了专门的观察记录表。

表 7-3-1　运用事件抽样法记录小欣破坏他人作品行为记录表示例

观察对象:小欣		性别:女		年龄:3 岁	
观察目标	破坏他人作品的行为。	行为定义:	破坏他人的作品,是指任何故意去弄坏他人作品的举动,包括撕破、割开、弄脏、涂鸦、打翻、推倒、弄乱或其他任何破坏他人作品的行为。		
攻击次数	日期、时间、地点	事件发生前	事件	事件发生后	备注
1	2020.11.2 10:20 建构区	区域活动时间,建构区里面有 5 名幼儿在玩积木。小欣拿了一些积木在建构区的中间位置玩。小嘉就坐在小欣旁边,她在搭建的时候拿了小欣放在地上的红色积木块,搭建在了自己的作品上。	小欣已经将她事先拿好的积木堆成一个"小塔",接着她开始环顾地面,然后环顾四周,最后看向小嘉搭起来的"小房子"。小欣坐在地上将手伸向小嘉搭建的房子,一把握住了那块红色的积木,然后小嘉的房子直接被推倒了。	小欣握着那块红色的积木,将它放在"小塔"的顶端。小嘉说:"你干什么,这是我辛辛苦苦搭的。"小欣没有回应并且继续搭建她的"小塔"。然后小嘉说:"我讨厌你,我要告诉老师。"主班张老师问小欣为什么把别人的东西弄塌,小欣说:"我没有,我的红色(积木)在他那里。"张老师:"那你也应该和小嘉说,请他还给你。你把他搭的东西推倒了,我觉得你需要和他说对不起。"小欣低着头说:"对不起。"	
2	2020.11.3 10:15 建构区	小毛、小欣和小乐在建构区分别摆弄圆柱体和长方体的积木,小毛和小欣将长方体积木排列整齐,小乐在一旁将圆柱体积木垒高。小欣敲打着积木开始将长方体积木插进镂空的三角形积木内,小毛和小乐也随即模仿了起来,并一边操作一边说:"滋滋滋。"	小毛将长方体积木插入小乐面前的三角形积木内,小乐抢着积木说:"这是我的,我又拿到两个。"小毛说:"我也拿到两个,我再拿到一个我就赢了。"随后小毛拿着一个圆柱体和一个三角形叠起来说:"我有一根棒棒糖。"这时小欣将小乐的积木推倒,小毛说:"干吗?"并把积木搭回去。	小欣说:"他这里倒了好多根,我们再搭一个好不好?"小乐说:"不行,这是我们辛辛苦苦搭的。"于是小欣对小乐说:"我再给你们拿点积木好不好。"小乐说:"好呀。"于是小欣就从积木柜里拿了几个积木扔在了小乐搭的积木上。	
3	2020.11.3 14:40 户外大积木	在户外积木活动游戏中,小欣搬来了许多积木在一块空地上搭了起来。然后对旁边的人说:"看,我搭的城堡。"然后跑去架子上拿别的积木。小贤和小鱼的塔搭在旁边,小贤拿了一个大型的长方体积木把自己的塔和小欣的城堡连在一起,然后在这个长方体积木上放了很多小积木。	小欣抱着一些积木回来说:"你们的都弄到我这里了。"然后把积木扔在地上,跑过去把那个长方体积木推倒了。长方体积木倒下来,把城堡和塔弄倒了一部分。	小贤和小鱼说:"你把我们的弄塌了"。小欣说:"是你们的先弄到我这里来的。"小贤和小鱼说:"以后不和你玩了。"小欣不说话继续搭积木。	

攻击次数	日期、时间、地点	事件发生前	事件	事件发生后	备注
4	2020.11.4 10:16 建构区	今天搭建的主题是"旋转木马"。小欣拿了一些形状不同的积木,先选了一根最长的长方体积木放在地上,接着拿了一块圆柱体积木在长方体积木上比画了一下放了上去,接下来她就把其他一样大小的圆柱体往长方体积木上摆放。	她看见边上小林搭建的积木,走过去伸手握住中间的一块积木然后拔出来,小林搭建的上半部分直接倒了。	小林说:"这是我的,不是你的!你把我的弄倒了。"然后哭起来,张老师走过来说:"你怎么又把别人的东西弄倒了?你打扰到别的小朋友了,现在请你离开建构区。"小欣低着头走开了。	

2. 获取关于幼儿破坏行为的其他信息

（1）家长访谈

小欣家庭收入稳定,父母在事业单位上班,还有一个哥哥。平时主要是由爷爷奶奶照顾,老人对她百依百顺。同时,父母反馈小欣在家也比较固执,有点以自我为中心。

（2）同伴访谈

小欣的同伴指出:他们不喜欢和她一起玩,因为她总拿别人的东西,还常常推倒别人的东西。

（3）其他教师访谈

主班教师对小欣的评价:小欣在教室里多次推倒别人建构的东西,常常引起混乱,同时还会和别的幼儿抢玩具、抢蜡笔等。

（三）整理资料,分析破坏行为的成因

小高老师每天下班后都会整理关于小欣破坏他人作品的观察记录,将其装入一个文件夹进行归档。

小高老师针对小欣破坏行为4次的观察记录,整理出如表7-3-2所示内容。

表7-3-2 小欣攻击性行为符号代码观察表

观察对象:小欣	性别:女		年龄:3岁			目标行为:破坏他人作品	
攻击原因	A=物品抢夺； B=游戏； C=空间占用						
发生时点	a=建构区； b=户外； c=美工区						
日期（次数）	第一次	第二次	第三次	第四次	第五次	原因小计	时间小计
11.2 共1次	A/a	/	/	/	/	A:1次	a:1次
11.3 共2次	B/a	C/b	/	/	/	B:1次 C:1次	a:1次 b:1次
11.4 共1次	A/a	/	/	/	/	A:1次	a:1次
11.5 共1次	C/a	/	/	/	/	C:1次	a:1次
11.6 共2次	A/a	A/c	/	/	/	A:2次	a:1次 c:1次
小结	小欣的大多数破坏他人作品行为都是为了抢夺材料,7次中占4次;破坏行为的最终目的都是完成自己的作品,在7次的事件中出现了6次,其中空间不足占2次。						

经过上述分析,小高老师对小欣破坏行为的成因进行了如下分析:

1. 自身因素

小高老师发现,小欣的偏差行为主要属于破坏行为中的破坏他人作品。此外,伴随着物品的争夺也偶有出现攻击性行为中的工具性攻击。当前小欣处于自我中心阶段,很难站在他人角度考虑事情,难以考虑到破坏他人作品的行为是不对的。就"为了完成自己作品而破坏他人作品"的 6 次情况而言,小欣均没有和他人进行沟通,可能小欣与其他幼儿互动时存在困难,在想要某物品或领地被侵犯时不知如何表达。

2. 家庭因素

基于访谈,小高老师发现小欣在家中主要由老人进行隔代教养,对她比较宠溺,同时小欣固执的性格对其行为也有影响。

3. 班级中的其他环境因素

小欣在建构区容易出现破坏他人作品的行为,可能显示建构区在空间上比较拥挤或材料投放不足等。

(四) 针对幼儿破坏行为提出干预对策

小高老师邀请小欣的爸爸妈妈来到幼儿园,并就她的观察记录与小欣的爸爸妈妈进行了讨论,最后双方共同制订了相应措施。

1. 幼儿园中干预策略

① 阻止与预防破坏行为的发生:丰富建构区的材料,减少进入建构区的人数或扩大建构区的范围。在小欣进入建构区之后多加关注,及时阻止其破坏行为。

② 强化正向行为:教师要合理地肯定、鼓励、评价她的创作以及作品,并让小欣认可和尊重别的幼儿作品的价值。除了对小欣破坏他人作品的行为表现出不高兴外,还要及时称赞她值得表扬的行为。

③ 教师行为指导:小欣目前 3 岁,年龄较小,处于自我中心状态,并且通过观察发现小欣较少与其他幼儿进行沟通。所以教师除了通过强化适当行为来帮助她建立适宜社会行为外,还需要辅导其通过有效的表达来解决社交问题。

2. 家庭中的干预策略

① 强化正向行为:不但鼓励、认可小欣的作品,还要及时称赞她值得表扬的行为。

② 丰富语言表述环境:在家庭交流中,家长自身用适当、完整的语言进行表达,以创造适宜的语言表述环境。家长和小欣沟通的时候,尽量用完整的语言进行表达,如:"我想要这个,因为我需要它,请问你可不可以把它借给我?"

③ 提供独立自主的机会:让小欣在家能开始尝试自己的事情自己做。

(五) 持续追踪,改进干预策略

首先,小高老师对小欣破坏行为干预策略的有效性进行了评估。小欣 5 天破坏他人作品 7 次,平均每天 1.2 次,且多出现在建构区。实施策略之后,小高老师针对小欣破坏他人作品的行为持续记录。小欣在策略实施后第一周内出现了 4 次破坏他人作品的行为,3 次发生在建构区;第二周出现了 2 次破坏他人作品的行为,2 次发生在建构区。整体破坏行为以及发生在建构区的次数减少,证明了制订的策略是有效的。

其次,小高老师决定,继续实施行为观察以及相关策略,尤其是强化其正向行为,一直到小欣不再出现破坏他人作品行为。

从第四周之后,小高老师的记录中不再出现小欣破坏他人作品的行为,说明小欣破坏他人作品的行为已消失。但小高老师仍会对小欣的破坏行为多加注意,并继续强化其正向行为,让小欣知道教师是欣赏她用新的社交方式来表达需求的。

任务四　运用行为观察记录应对幼儿社会退缩行为

案例导入

　　萱萱是中一班的幼儿。区域活动时,幼儿们在建构区、美工区、角色区、阅读区、植物区里快乐地游戏。萱萱在角色区,其他幼儿在玩角色游戏,有的在小超市里当售货员,有的当顾客,只有萱萱和往常一样一个人站在角落。保育教师看到后,拉着她的手问:"萱萱,你怎么不过去玩?"萱萱不吭声,保育教师牵着她到角色区域,拿起"钱"让她加入活动,但是她仍然低着头不说话,胆小的萱萱脸上没有表情,仍然一个人站在旁边看着同伴玩。

　　认真观察每个幼儿的表现,会发现幼儿园里时常有类似萱萱的这种社会性退缩的行为。作为教师要认真观察他们的行为,分析退缩行为透露出的幼儿社会性发展能力,制订策略帮助和引导幼儿获得发展。

任务要求

　　1. 掌握幼儿社会退缩行为的定义、表现及成因。
　　2. 掌握观察和记录幼儿社会退缩行为的步骤。
　　3. 能够运用观察记录结合相关策略应对幼儿的退缩行为。

一、社会退缩行为概述

(一)幼儿社会退缩行为的含义

　　社会退缩行为多见于4~7岁的幼儿。社会退缩是指在所有的社会性情境中表现出的孤僻行为,包括行为抑制及社会性孤独等。[1] 泛指社会情境下的独处行为,包括同伴和他人在场的情况下,幼儿不参与同伴交往游戏活动等,而且这种行为不是暂时的,具有跨时间情境的一致性,即无论在陌生环境还是熟悉环境均表现出一贯的孤独行为。在幼儿园表现为不跟他人游戏、交往,一个人打发时间。目前社会退缩被认为是幼儿孤独、压抑、自尊水平低等危险因素的潜在因素,关注该行为刻不容缓。

(二)幼儿社会退缩行为的分类及行为表现

　　德国心理学家阿森多夫(Asendorpf)结合以往学者研究,从交往趋避动机的视角出发,将幼儿的社会退缩行为分成三类:沉默寡言型、安静孤独型、活跃孤独型,即害羞沉默、主动退缩和被动退缩。

1. 沉默寡言型(害羞沉默)

　　这类幼儿不参与活动,不主动说话,当其他幼儿在活动时,他们经常作为旁观者站在一旁,无所事事。这类幼儿比较胆小、害羞。

---

① 施燕,韩春红.学前儿童行为观察[M].上海:华东师范大学出版社,2011.

2. 安静孤独型(主动退缩)

这类幼儿的典型特点是愿意参与活动,但是参与活动的原因是自己对于事物或游戏的喜爱,而不是喜欢与人交往与合作。如在建构区,他们可以一直沉醉在搭建自己的房子的游戏中,而对于别人与自己的对话置之不理,他可以单独待在自己的空间里持续一小时甚至两小时。

3. 活跃孤独型(被动退缩)

这类幼儿不是主动希望独处,而是因为社交能力和事件处理能力较弱,与同伴交往的时候行为冲动,常因发生攻击性行为而被同伴拒绝。如想要同伴的玩具但不知道用语言表达,而采用"抢"或破坏的方式,这样就会被他人拒绝参与合作游戏,时间长,就被人孤立了。

(三)幼儿社会退缩行为的成因分析

1. 自身原因

(1)幼儿的气质和性格

美国研究者托马斯·切斯把幼儿气质划分为易养型、启动缓慢型和难养型。其中,易养型幼儿对新鲜事物和陌生人更多表现出趋近,积极情绪为主,适应能力强,较少出现问题行为;启动缓慢型幼儿对陌生的人或事最初表现为退缩,适应慢,出现消极情绪较多;难养型幼儿表现为对陌生的人或事物的退缩,消极的情绪反应多,适应性较差,容易出现许多问题行为等。启动缓慢型和难养型气质的幼儿社会适应性差,易出现社会退缩行为。

(2)幼儿先天性原因,适应能力差

遗传因素和感统失调是幼儿社会退缩行为的生理因素。出生前后因为疾病、药物等影响幼儿的身体健康,导致幼儿因为自身障碍而畏惧与他人交往。如前庭平衡功能失常和本体感失调的幼儿往往缺乏自信,消极退缩,手脚笨拙,语言表达能力欠佳,平时不敢和别人交流,容易紧张,孤僻不合群。

2. 家庭原因

家庭是幼儿社会交往最初也是最重要的场所,家庭氛围、父母的教养方式、家庭结构、亲子关系等直接影响了幼儿的社会交往能力。

(1)不安定的因素

不安定的家庭对幼儿的影响是非常大的,幼儿的情绪和社会性发展受到威胁,而且一直影响到成年后。例如,美国一位博士马乔里·J·克斯特尔尼克在观察幼儿对父母离婚的反应时发现,3~5岁幼儿对父母离婚的反应表现为:在游戏中很安静,害怕被遗弃;惊慌,悲伤;担心自己导致了父母离婚;缠人行为,不愿离开作为监护人的家长;焦虑的行为表现,尤其在睡觉时;退缩的行为表现[1]。幼儿在不安定的家庭里很少与家长沟通,他们会把父母或家庭成员之间的吵架归因于自己,深怕因为自己的不良行为或不妥当的一句话而引发家庭的不和谐。于是封闭自己的内心,长此以往社会交往能力下降,就形成社会退缩行为。

(2)父母的教养方式

家庭教养方式有以下四种:民主型、专制型、溺爱型和忽视型,不同的教养方式对幼儿的行为有不同的影响。

民主型家庭的幼儿言论自由,家庭给予幼儿极大的自由度表达自己的需求,放管结合,幼儿可以自由交往,不良行为也会及时得以纠正。他们的社会性发展较好,不易出现社会退缩行为。

专制型家庭的幼儿必须随着父母的意愿表达思想,他们的行为表现常常得到父母粗暴的禁止,不能随意与他人交往,必须得到父母的同意。当幼儿的言行不符合规范的时候就会被父母喝斥甚至打骂,幼儿害怕父母,这样家庭的幼儿会自卑,不敢表达自己,表现得顺从,在社会交往方面就会退

---

① 马乔里·J·克斯特尔尼克 等. 儿童社会性发展指南理论到实践[M]. 邹晓燕,等译. 北京:人民教育出版社,2009.

缩、不主动。

溺爱型家庭的幼儿因为照护者对其百依百顺、百般呵护,很少给予社会化的任务,幼儿的生活自理能力较弱。这样培养出的幼儿过于依恋父母,胆小或者霸道,在社会交往方面不知道怎么与他人交往,社会性发展较差。

忽视型家庭的幼儿,因为父母平时漠不关心,对幼儿出现的违规行为也不会提出意见和建议,幼儿在社会交往方面可以拥有绝对的自由,行为也没有受到限制,所以会出现极端现象,自我封闭或者有攻击性行为,在社会交往的过程中会因为这些行为而被其他幼儿孤立。

3. 同伴原因

鲁宾和艾森道夫研究表明,社会退缩与同伴拒绝关系密切。安静孤独和沉默寡言的退缩幼儿,社交能力弱,长期脱离集体游戏,容易被同伴遗忘;被动退缩的幼儿在集体游戏中因为不当的行为引起其他幼儿的反感而被同伴忽视、拒绝和孤立,就会慢慢退缩。

二、幼儿社会退缩行为观察与引导的相关步骤

研究表明,有社会退缩行为的幼儿孤独、胆小、脱离集体,如果没有及时进行干预,他们长大后会出现社会性交往恐惧,影响身心健康。教师应通过观察、记录与分析,对幼儿的社会退缩行为进行引导与干预。

(一) 观察开始前的准备

因为社会退缩的外显性,比较容易在人群中找到此类的幼儿,为帮助目标幼儿应对其社会退缩行为、了解背后的原因,保教人员需要了解目标行为的发生始末。

1. 明确观察目的

保教人员可以结合下述四方面的问题聚焦自己的观察目的:

① 目标幼儿偶尔会参与什么活动? 例如:不特定的活动;独自完成的活动;团体活动;听故事;看书;音乐;美劳;表演;积木;户外;玩沙玩水;操作教具等。

② 活动进行时,目标幼儿在做什么? 例如:看其他幼儿进行活动;看窗外;站在门边;哭泣;玩自己的东西;自言自语;跟着特定的成人或幼儿等。

③ 目标幼儿最有可能和哪个幼儿产生互动? 例如:某个幼儿;某些幼儿;先接近他的幼儿;熟悉的幼儿;害羞的幼儿;年纪大的;男孩或女孩等。

④ 如果要求目标幼儿参与活动,会有什么反应? 例如:在耐心引导下会参与;口头拒绝;非口语的拒绝;不理会;哭泣;靠近活动地点但不参与等。

2. 选择观察方法

为了达成观察目的,需要根据不同观察方法的特点选择合适的观察记录方法。社会退缩行为的出现会在一定的情境下,比较适合采用轶事记录法、日记法、叙述性描述法、时间抽样法、事件抽样法、行为检核法等。

3. 定义目标行为

保教人员必须清晰目标行为的操作性定义,以了解所需观察的行为范畴。其中,社会退缩行为也需要根据其不同的行为表现进行不同的操作性定义。例如,不参与群体游戏指的是不与其他幼儿玩,仅自己玩、独处、找成人或独自与成人说话等。

4. 选择观察情境

在确定目的、观察方法及定义目标行为之后,观察者必须选择可以获得目标行为相关信息的观察情境和地点,主要考虑在什么时间、什么地点、什么情境下出现的行为符合观察的目的以及

便于实施观察记录。例如：教师在组织活动的过程中，关注目标幼儿不参与活动的相关行为特点。

此外，还需要根据观察的需求准备相应的工具。对于幼儿的社会退缩行为，保教人员可以采用纸笔记录，也可以使用手机、录像机、录音笔等工具进行音像资料收集。

（二）运用观察法收集社会退缩行为的资料

当观察者做好观察前的准备之后，就可以获取相应资料了，且在幼儿行为得到解决之前不应停止观察与记录。

1. 实施对幼儿社会退缩行为的观察

针对幼儿社会退缩行为的出现，保教人员可以采用描述法与抽样法相结合的方法进行记录。记录的重点包括：

① 基本信息：姓名、年龄、性别、行为出现的场景。

② 社会退缩行为的持续时间：根据观察目的可以选择记录目标行为开始和结束的时间。

③ 社会退缩行为出现的主要经过：社会退缩行为在哪里发生，现场有哪些人，正在进行什么活动，目标行为出现之后还发生了什么事。

2. 获取关于幼儿社会退缩行为的其他信息

幼儿社会退缩行为的成因较为复杂，仅凭观察记录可能无法全然了解，所以需要通过其他渠道获取相应信息以应对退缩行为。

① 家长访谈：将对于幼儿的行为观察资料进行整理，与家长沟通，了解幼儿在家表现以及是否也有出现相应的行为。

② 同伴访谈：通过与幼儿的同伴沟通来获取相关的信息。

③ 其他教师访谈：保育教师可以和带班教师沟通，分享彼此对于该幼儿的观察记录。

（三）整理资料，分析社会退缩行为的成因

伴随着观察与记录的实施，观察者会逐渐累积观察资料。可通过对观察资料的整理与分析，寻找幼儿社会退缩行为的原因以及相关因素。保教人员可通过整理连续性的观察记录、各项访谈资料，获取综合的信息，再结合幼儿的自身因素、情境因素、家庭因素、同伴因素和师幼关系等因素，分析目标行为出现的原因。

（四）针对幼儿社会退缩行为提出干预对策

没有百分百适用于任何社会退缩行为的应对策略，在了解幼儿行为的原因之后，必须根据整理分析得出的原因、相关因素以及目标对象的特点，来制订适合目标对象的行为改变策略，以做到预防或解决问题行为。例如，某幼儿刚入园，什么活动都不参与，发现主要原因是他非常容易害羞，加上对于新环境的陌生，教师就可以尝试选择陪伴其熟悉环境，建立良好的师幼关系、同伴关系来应对其不参与活动的行为。在制订与实施的过程中，为使策略效果最大化，教师必须和家长共同合作寻找解决途径，通过沟通，共同寻求在幼儿园中和在家庭中的实施策略，同时达成持续沟通、相互合作的共识。

（五）持续追踪，改进干预策略

判断策略是否有效的途径是通过行为观察。保教人员可以通过观察记录了解幼儿社会退缩行为是否得到改善。如果策略有效则继续实施行为观察以及相关策略，直到目标幼儿社会退缩行为得到改善。如果无效则持续进行观察记录，回归步骤三，重新针对幼儿的行为进行分析以及制订策略，直到有效为止。

三、幼儿社会退缩行为观察案例解析

案例

幼儿园中班的安安经常在教师上课的时候一个人在走廊玩,平时游戏的时候远远地站在其他幼儿的后面。为了帮助安安改善不参与活动的行为,保育员陈老师计划运用观察法记录安安的行为,制订有利于其社会性发展的策略,帮助安安改变同伴关系,使其愿意参与活动。

陈老师具体可以从以下方面进行操作:

(一)观察开始前的准备

为了详细分析并帮助安安应对其社会退缩行为,陈老师需要了解安安社会退缩行为背后的原因。

1. 明确观察目的

陈老师将观察安安在一日活动中的社会退缩行为作为观察目的。在这一目的下,陈老师又确定了如下具体问题:①安安偶尔会参与什么活动? ②安安在不参与活动的时候会做什么? ③当教师或同伴邀请安安参与活动,她是什么反应?

2. 选择观察方法

根据观察目的,本次观察选择轶事记录法进行记录。

3. 定义目标行为

不参与活动,包括目标幼儿不积极、不主动参与活动。"活动"包含教师安排的活动、幼儿自创的活动、学习区活动等;"不参与"包括站在旁边、不使用相关器材、远离同伴、拒绝加入等。

4. 准备工具

为了保证完成轶事记录且不影响安安,陈老师准备了便利贴、笔和手表,采用了轶事记录法中的回溯记录方式。

(二)运用观察法收集社会退缩行为的资料

1. 实施行为观察与记录

如表 7-4-1 所示,陈老师针对安安的社会退缩行为制订了专门的观察记录表。

表 7-4-1　运用轶事记录法记录安安不参与活动记录表示例

观察者	陈老师	记录方式	轶事记录法	时间	2021.10.9 15:25—15:45
观察对象	安安	性别	女	年龄	4 岁 6 个月
观察情境描述	区域活动时间,其他幼儿都在进行区角活动。				
观察记录					
班上的幼儿都在各个学习区进行活动,安安站在厕所门旁边不动。王老师走近她说:"来,安安,帮老师拿一下那个蜡笔好吗?"安安站着不动,然后王老师自己去拿了蜡笔。几分钟后王老师回来蹲下来平视安安,邀请安安参与任一活动,并表达了自己愿意陪同的意思。但安安没有回应,仍然站着不动。　　莎莎跑过来拉着安安的袖子,说:"安安,我们一起玩洋娃娃,好吗?"安安身体开始向后退,手拉着被扯住的袖子,一直摇头。					

2. 获取关于安安社会退缩行为的其他信息

（1）家长访谈

安安来自一个五口之家，爸爸妈妈做生意比较忙，家庭条件还可以。家里有三个小孩，安安排第二，有一个姐姐和一个弟弟。姐姐在同一幼儿园的大班，弟弟1岁。安安长期被湿疹和哮喘困扰，平时极少外出，在家也不怎么说话。

（2）同伴访谈

安安的同伴指出：安安常常不说话，大家都不太爱找她玩。

（3）其他教师访谈

主班教师表示，安安本学期刚转学过来，教师多次劝安安参与活动但从没有成功过。此外，教师见过安安爸爸接她的时候因为一些小事打骂她。

（三）整理资料，分析社会退缩行为的成因

陈老师从9月20日开始，收集了安安许多不参与活动的记录，将其装在一个文件夹里，并对安安的社会退缩行为进行了分析。

1. 自身因素

陈老师发现安安身上的湿疹和哮喘长期带来的不舒服，加上极少外出、长期不说话以及缺乏适当的社交行为，使安安抗拒活动。更重要的是安安不熟悉环境，刚转学过来。

2. 家庭因素

家庭中，安安缺乏陪伴和关爱，因为父母忙、家里孩子多，而且排中间，相对来说比较缺乏关爱。同时也和爸爸的不当行为有关，因为安安本身就退缩，加之父亲的暴力行为，容易加重其退缩。

（四）针对幼儿社会退缩行为提出干预对策

陈老师在周一午休的时候，和安安的爸爸妈妈还有舅舅在学校的会议室就观察记录中发现的内容进行了讨论，最后双方达成共识，共同制订了下面的措施。

1. 幼儿园中策略

（1）陪伴：教师提供特约时间给予安安陪伴；此外，在一日生活中多陪伴安安，帮助其适应环境以及熟悉周边人。

（2）积极强化：教师积极强化安安的适当行为。

（3）积极沟通：教师陪伴安安，多和安安说话，引导其愿意与自己沟通。

2. 家庭中的策略

（1）持续治疗：持续治疗安安的疾病。

（2）积极强化：积极强化安安的适当行为。

（3）停止不当行为：停止暴力行为，家长需要寻求适当的互动方式。

（4）积极沟通：父母多陪伴安安，多和安安说话。

（五）持续追踪，改进干预策略

陈老师在和安安爸爸妈妈沟通后开始实施策略并持续记录安安的行为，同时定期和安安的爸爸妈妈沟通。

最后，在安安和教师、家长的共同努力下，安安在12月14日的区域活动中，第一次和莎莎一起阅读了绘本《威廉的洋娃娃》。在陈老师的记录中，自那天之后安安慢慢地参与学习区活动，参与教师组织的活动，做操的时候不再是站在旁边看。由此证明策略是有效的，陈老师将持续实施相关策略直到安安的退缩行为得到明显改善。

模块小结

　　本模块详细介绍了幼儿偏差行为的含义与指导要点,呈现了攻击性行为、破坏行为和社会退缩行为三大主要偏差行为的应对措施与流程。为有效应对与纠正幼儿偏差行为,保教人员应在纠正偏差行为之前,根据幼儿现有表现确定适宜的观察方法,及时完成观察记录的整理与分析,并与幼儿家长保持沟通。总体来说,在应对幼儿偏差行为中,完整的观察分析、适当的应对策略、持续性的观察、畅通的家园沟通、不断的实验与反思以及保护幼儿权益非常重要。

思考与练习

一、单选题

1. 攻击性行为是一种(　　　)的行为,是一种不受欢迎却经常发生的行为。

　　A. 伤害他人　　　　　B. 伤害物品　　　　　C. 伤害自己　　　　　D. 伤害他人或他物

2. 志豪抢走丹丹刚做好的手链的行为属于(　　　)。

　　A. 敌意性攻击　　　　B. 工具性攻击　　　　C. 破坏行为　　　　　D. 退缩行为

3. 小吴老师发现班上的小明会偷东西,她应该(　　　)。

　　A. 及时和家长沟通并共同探讨解决策略　　　B. 对其家长隐瞒

　　C. 跟家长告状,并让他们回家好好教育小明　　D. 等自己纠正好小明的习惯再告诉其家长

二、判断题

1. 分析幼儿的退缩原因要从自身、家庭、幼儿园等角度入手。　　　　　　　　　　　(　　　)

2. 父母离异不会影响幼儿的社会交往能力,不会使其产生社会退缩行为。　　　　　(　　　)

3. 事件抽样法适用于观察发生频率较高,并且易于观测的行为。　　　　　　　　　(　　　)

4. 在对观察记录进行分析时,可以随意更改、删减、添加一些数据。　　　　　　　　(　　　)

5. 将"苗苗是否比其他小朋友哭的次数更多"作为观察目标是否正确?　　　　　　　(　　　)

三、简答题

　　简述发现幼儿攻击性行为后的应对流程。

聚焦考证

一、单选题

1. 下列哪种方法不利于缓解或调控幼儿激动的情绪?(　　　　)①

---

① 2013 年上半年幼儿园教师资格考试《保教知识与能力》试题。

　　A. 安抚　　　　　　B. 转移注意　　　　　C. 冷处理　　　　　D. 斥责

2. 在陌生环境实验中妈妈在婴儿身边婴儿一般能安心玩耍,对陌生人的反应也比较积极,婴儿对妈妈的依恋属于(　　)。①

　　A. 回避型　　　　　B. 无依恋型　　　　　C. 安全型　　　　　D. 反抗型

3. 小明搭房子时缺一块长条积木,他发现苗苗手里有一块,就直接过去抢。小明的这种行为属于(　　)。②

　　A. 工具性攻击　　　B. 言语性攻击　　　C. 生理性攻击　　　D. 敌意性攻击

二、简答题

　　简述幼儿工具性攻击和敌意性攻击的异同。③

三、材料分析题

1. 星期一,已经上小班的松松在午睡时一直哭泣,嘴里还一直唠叨,说:"我要打电话让爸爸来接我,我要回家。"教师多次安慰他还一直在哭。教师生气地说:"你再哭,爸爸就不来接你了。"松松听后情绪更加激动,哭得更加厉害了。④

　　请简述上述教师的行为,并提出三种帮助幼儿控制情绪的有效方法。

2. 小虎精力旺盛,爱打抱不平,但是做事急躁、马虎,喜欢指挥别人,稍有不如意,便大发脾气,甚至动手打人,事后虽也后悔,但遇事总是难以克制。⑤

　　(1) 你认为小虎的气质属于什么类型?为什么?

　　(2) 如果你是小虎的老师,你准备如何根据其气质类型的特征实施教育?

3. 3岁的阳阳,从小跟奶奶生活在一起。刚上幼儿园时,奶奶每次送她到幼儿园准备离开时,阳阳总是又哭又闹。当奶奶的身影消失后,阳阳很快就平静下来,并能与小朋友们高兴地玩。由于担心,奶奶每次走后又折返,阳阳再次看到奶奶时,又立刻抓住奶奶的手,哭泣起来。⑥

　　针对上述现象,请结合材料进行分析:

　　(1) 阳阳的行为反映了幼儿情绪的哪些特点?

　　(2) 阳阳奶奶的担心是否有必要?教师该如何引导?

4. 开学不久,小班王老师就发现:李虎小朋友经常说脏话。虽然教师多次批评,但他还是经常说,甚至影响其他幼儿也说脏话。⑦

　　(1) 请分析李虎及其他幼儿说脏话的可能原因。

　　(2) 王老师可以采取哪些有效的干预措施?

---

① 2014 年下半年幼儿园教师资格考试《保教知识与能力》试题。
② 2021 年上半年幼儿园教师资格考试《保教知识与能力》试题。
③ 2020 年下半年幼儿园教师资格考试《保教知识与能力》试题。
④ 2014 年上半年幼儿园教师资格考试《保教知识与能力》试题。
⑤ 2014 年下半年幼儿园教师资格考试《保教知识与能力》试题。
⑥ 2016 年上半年幼儿园教师资格考试《保教知识与能力》试题。
⑦ 2017 年下半年幼儿园教师资格考试《保教知识与能力》试题。

模块八

结合观察记录开展家园合作

模块导读

《幼儿园教育指导纲要(试行)》指出:"家庭是幼儿园重要的合作伙伴,应本着尊重、平等、合作的原则,争取家长的理解、支持和主动参与,并积极支持、帮助家长提高教育能力。"幼儿园和家庭两方的有效结合是促进幼儿发展的重要保障。除了传统的家园合作方式,如家园联系册、家长园地、亲子活动等,观察记录对于家园工作的开展也有着重要意义。如何利用好观察记录开展家园工作,是本模块的主要内容。

学习目标

1. 理解结合观察记录开展家园工作的重要意义。
2. 重视并尝试使用观察记录法开展家园工作。
3. 掌握利用观察记录内容编制幼儿成长档案的方法。
4. 能根据实际情况利用观察记录选用适宜的家园合作方法。

内容结构

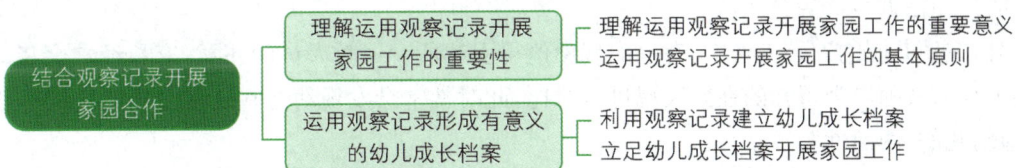

结合观察记录开展家园合作
- 理解运用观察记录开展家园工作的重要性
  - 理解运用观察记录开展家园工作的重要意义
  - 运用观察记录开展家园工作的基本原则
- 运用观察记录形成有意义的幼儿成长档案
  - 利用观察记录建立幼儿成长档案
  - 立足幼儿成长档案开展家园工作

任务一　理解运用观察记录开展家园工作的重要性

　　妞妞的父母工作忙,妞妞的奶奶常常接送孩子。妞妞奶奶一见到王老师,就抓着王老师说个不停,迫切地想了解其在园表现。尽管教师在交谈中尽量讲述得很详细,可妞妞奶奶回到家中或有遗忘或不知如何转述,导致妞妞的父母时常打电话向教师再次问询。这也让王老师很烦恼,如何才能够高效地开展家园交流呢?

　　解决上述案例中的问题就需要教师结合日常观察记录,通过和家长的配合,为幼儿收集"档案",形成真实的反映幼儿发展状况的成长记录。运用好观察记录,使家园联系更加科学、深入和有效,是教师专业成长的必备能力。

任务要求

　　1. 理解运用观察记录开展家园工作的重要意义。
　　2. 掌握运用观察记录开展家园工作的基本原则。

一、理解运用观察记录开展家园工作的重要意义

(一)让幼儿的发展可视化,加深父母对幼儿的了解

　　幼儿整个白天的时间在幼儿园度过,早晨入园前与晚上离园后的亲子相处时间相对来说占据了一天之中较少的一部分,且相当一部分家庭缺少时间足、质量高的亲子陪伴,这样难免会导致家长对幼儿成长的一些细节有所疏漏。在此情况下家长所进行的家庭教育便会有一定程度上的缺失,或者无法满足幼儿正常发展的需要。此时,最恰当的做法莫过于开展充分的家园沟通,以了解幼儿的在园表现,让家长可以看到幼儿成长过程中的闪光点与不足,而教师的观察记录则是开展此类有效家园工作的重要依据与资源。

　　同时,在幼儿园的家园工作中,有一类现象值得引起所有保教人员的注意,家长经常会将幼儿在家的表现与从教师口中得知的在园表现进行对比,此时常常会发现幼儿在这两个场所中的表现大相径庭,即幼儿的"两面性"。

案例链接

　　小华的妈妈最近很苦恼,因为她感觉小华在家里实在是太调皮了,只要是不上幼儿园的时候,小华经常和大人顶嘴,而且在家里上蹿下跳,把家里弄得鸡犬不宁。甚至,在带着小华去照相馆拍照片时,小华的行为变本加厉,连工作人员都表示从没有见过这么调皮的孩子。为此,小华的妈妈和幼儿园教师沟通,希望能够得到一些育儿方法。但是在听取了小华在家的表现后,教师却感到很惊讶,因为小华平时在幼儿园里非常听话,各方面能力也很突出,在集

体活动时能够长时间保持注意力集中,平时和同伴也玩得很好,从来没有闹过不愉快。小华的反差表现让教师很诧异,于是教师和小华的妈妈共同决定观察小华一段时间,再商量进一步的措施。

教师对小华仔细观察了一段时间以后,发现小华在极少数情况下会出现不遵守纪律或者沮丧的行为,比如没有被选上值日生。结合小华的平时表现进行分析,教师认为小华之所以会有明显的差异表现,原因在于他极强的自尊心,即要求自己在幼儿园时保持"好孩子"的形象,而在家里的时候没有教师和同伴在身边,他就会放松很多。根据这个情况,教师和小华的妈妈进行了及时的沟通,共同采取了措施,慢慢使小华放下了心中的包袱……

案例中小华的行为就是典型的"两面性"表现。案例中教师在家长询问时的即时反馈就是教师对小华日常观察的结果,想要破解小华两种截然不同表现的深层次原因,在不直接影响幼儿的基础上,比较恰当的办法就是观察记录与分析。小华的妈妈如果没有与教师进行沟通,则不会了解到小华在幼儿园是个典型的"乖乖男",而教师也很难预料到小华调皮的另一面。因此,想要开展有效的家园工作,真正促进幼儿的发展,观察记录是一个非常有益的方式。

(二)有利于构建尊重互信的家园关系

家长对幼儿的成长发挥着无可替代的作用,幼儿园作为系统性幼儿教育的主要机构,必须争取家长的理解与支持。很多时候如果家长对于幼儿在园的情况不了解,就会造成对班级教师教育策略的不认同、不理解,使得班级或幼儿园的各项教育策略在实施过程中常常遭遇阻力,这种情况的出现既不利于幼儿教育的推进,也不利于幼儿的健康成长。

观察记录,使教师能够全面了解幼儿在园的基本情况。面对家长想要了解幼儿学习与发展的需求,教师更需要将幼儿的行为表现和发展变化呈现给家长。家长通过翻阅幼儿的观察记录,能够清楚地了解到幼儿日常在园的行为表现,增进对教师的信任,增加对班级工作的肯定,从而赞同和支持班级各项工作的开展。

案例链接

情景1

家长:"王老师,今天我们妞妞在园里表现得怎么样?"

教师:"还行吧。"

情景2

家长:"王老师,今天我们妞妞在园里表现得怎么样?"

教师:"妞妞今天下午区域活动时跟其他小朋友争抢玩具,这样的行为不太好。"

情景3

家长:"王老师,今天我们妞妞在园里表现得怎么样?"

教师:"今天下午区域游戏时,妞妞一开始没有选区,她在一旁看欣欣和几个小朋友在表演区玩公主王子的游戏。欣欣拿起一个漂亮的纱巾往头上戴,妞妞将纱巾从欣欣头上摘下来说:'这是我的头纱。'欣欣又把纱巾从妞妞手中拿了回去。妞妞这时去抢,一下子没抢到,不小心就抓到了欣欣的脸。欣欣一下子哭起来……"

作为保教人员,你会怎样和家长沟通呢?

家长对教师工作的信任是实现良好家园合作的前提和保障。案例中的三类情况,对于家长而言,显然第三种沟通方式更易接受。一方面,情景 1 中的交流,教师言之无物,对幼儿的行为表现粗略概括,易让家长觉得教师对幼儿的关注度不够。情景 2 中的交流,论断式的言语容易引起家长的戒备和反感。情境 3 中的交流,通过具体直接陈述幼儿的行为表现,能使家长感受到教师对于自己孩子的关注,情绪反应小一些,心理接受度也会高一些,从而找到自己需要进行配合教育的地方。在这个观察交流的过程中,家长也会产生对教师的信任感,班级各项工作的开展也会更加顺畅。

(三)有助于形成教育合力,实现家园共育共成长

家园合作中,教师与家长可以共同完成幼儿成长档案的制作和补充。教师通过个人的观察记录对幼儿行为表现提供专业的分析阐述,同时鼓励家长对幼儿在家庭中的相关行为进行观察记录,可使双方共同分享、探讨、剖析行为现象背后的原因和发展轨迹。通过协同家庭教育的力量,既能共同推动幼儿成长,又能促进教师和家长的沟通与合作,增强教育合力。特别是当幼儿、家庭有特殊需要时,与家长联合观察记录,更能充分体现家园共育的力量。

总的来说,在家园合作的过程中,观察记录不是目的,而是通过这一途径提升教师和家长观察评价幼儿的敏感度和行动力,以更全面地了解幼儿行为背后的动机及发展过程中隐藏的潜力与危机,以便进一步合作,为幼儿在某方面的进一步发展提供有力的支持。在家园合作过程中,教师也应当将这种观念传递给家长。

二、运用观察记录开展家园工作的基本原则

(一)尊重平等原则

家长是幼儿园教育活动最有力的支持者,亦应是幼儿园工作的积极参与者。对于幼儿园保教人员来说,如何与家长进行交流不仅是一种技术,更是一种必须掌握的本领。做好家长工作是一门学问,也是每一位教育工作者必须具备的一项能力。在与家长交往的过程中,教师应做到态度真诚,平等尊重。

保教人员通常比家长更熟悉教育知识和教育手段,懂得教育规律。保教人员可以从专业的角度向家长介绍先进的育儿理念,帮助家长分析并解决幼儿成长中遇到的问题,指导家长改善育儿行为,提高家长科学育儿水平。绝不能以教训式口吻与家长谈话,态度要随和,语气要柔和,语言要真诚,语调要亲切,语义要清楚,使家长一听就明白,能准确把握要旨,从谈话中受到启发。也不能当着幼儿的面训斥家长,这不仅使家长难堪,有损家长在孩子心目中的威信,而且家长一旦将这种羞愤之情转嫁于孩子,极易形成孩子与教师的对立情绪。当与家长的看法有分歧时,也应平心静气地讲清道理,既要以礼待人,更要以理服人。保教人员得体的语言,可以赢得家长的尊敬,增进家长的信任,充分发挥家长的主动性,共同促进幼儿全面健康、和谐发展。

(二)幼儿权益最优原则

保教人员应当清楚,幼儿园教育抑或家庭教育,受教育的主体均为幼儿,因而在借助观察记录开展家园工作时,应当做到时刻以幼儿为主,在家园工作过程中应保证不出现任何损害幼儿权益的行为。家园工作的终极目标就是为幼儿创设高质量的成长环境,保证以积极因素促进幼儿的成长,把不利因素的影响降到最低。

在家园工作中,避免不良因素对幼儿造成不利影响是坚持幼儿利益最优原则的前提。在家园联系的过程中,家长与家长之间,有时也会发生冲突。在这些情况下,坚持幼儿利益最优原则显得至关重要,否则在家园工作中不可预知的不利因素必然会对幼儿的身心健康产生影响。保教人员作为幼

儿成长环境的主导者,应该有意识地屏蔽类似的不良因素。在开展家园工作前,应当预先设想:今天与家长沟通的主题、内容、方式,有没有可能给幼儿的身心发展带来不利影响。时刻在心中绷紧幼儿利益最优原则这根弦,会促使教师在开展家园工作时考虑更加全面。

(三) 注重家庭隐私原则

保教人员借助观察记录等工具开展家园工作时,必然会在与家长的沟通中谈及幼儿在家庭中的表现,以及相应的亲子关系、家庭教养方式、家庭成员基本情况等信息。出于和家长商讨对幼儿进行进一步教育措施的需要,保教人员应当对幼儿的家庭环境有所了解,还应在了解的基础上,特别注意保护幼儿的个人信息、家庭情况等隐私,不宜向其他家长、教师透露,做到就事论事。

随着时代的发展,隐私权越来越被人们所重视。近年来由于保教人员有意或无意间泄露幼儿家庭隐私问题所产生的冲突屡见不鲜。在家园工作中,注重家庭隐私原则往往是最容易被忽略的工作原则。保教人员一定要有意识地保护每一名幼儿的家庭隐私,此举不仅仅是作为一名新时代幼儿教师专业素养的体现,更能促进家长对教师的信任与尊重,有利于建立和谐互信的家园关系。

任务二　运用观察记录形成有意义的幼儿成长档案

案例导入

在某幼儿园里,徐老师带的班级总是家园联系很紧密,家长工作很到位,家长与教师之间的相处很融洽。园领导想了解徐老师的家园工作技巧,进而进行全国推广,于是对一些家长进行了走访,发现所有的家长都提到了一个词:幼儿成长档案。原来徐老师利用日常工作中的碎片时间,认真观察每一个幼儿,并制作了简单的成长档案记录他们成长的闪光点或者尚需改进的地方,为家长进行家庭教育提供强有力的支持。徐老师赢得了家长的深深尊敬与信任。

教师针对幼儿的行为表现而撰写的观察记录,稍加改动即成为幼儿的成长档案内容,可以将幼儿在一段时间内的成长或者某一方面的问题用很清晰的脉络表示出来。在家园沟通环节,教师使用幼儿成长档案的方法,既提升了教师的家园联系能力,又加深了家长对幼儿的了解,更是对班级幼儿的"负责任",常常能取得事半功倍的效果。

任务要求

1. 掌握通过观察记录制作幼儿成长档案的方法。
2. 能够模拟使用幼儿成长档案与家长沟通。

一、利用观察记录建立幼儿成长档案

(一) 建立幼儿成长档案

幼儿成长档案,即对幼儿在某一时间段、某一特定领域的发展过程所进行的归纳汇总,其内容主要包括该过程中的观察记录、幼儿照片或作品照片,最终呈现方式是一份图文并茂、真实生动地反映幼儿成长足迹的档案。

由于幼儿成长档案注重记录幼儿活动的过程,发现幼儿在过程中所获得的成长,所以观察记录便成了幼儿成长档案的重要组成部分。一般来说,幼儿成长档案建立于教师对幼儿进行一段时间的观察并撰写观察记录之后,通常以"轶事发生""观察记录""分析"为一个周期。它不同于传统意义上的作品图册、文字观察记录和幼儿发展检核表。相较于作品或幼儿行为照片图册来说,成长档案附有对幼儿当前发展状况的观察记录与分析。相较于观察记录和发展检核表等工具来说,成长档案是教师对每一名幼儿在特定发展领域的成长足迹所做的详细介绍。为了便于记录、方便查阅,幼儿成长档案一般以表格的形式呈现。教师可以在每学期为每名幼儿建立至少一份成长档案。

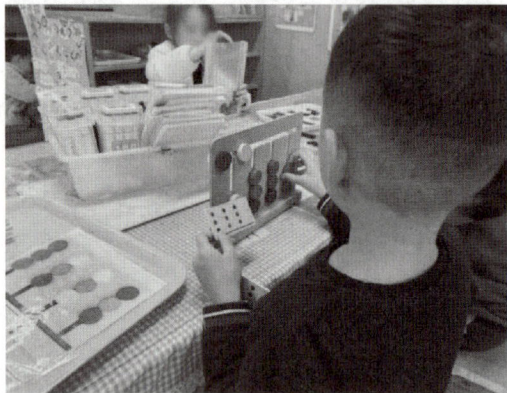

图 8-2-1　区域活动中操作数学玩具的多多(5 岁)

在建立成长档案的时候,观察记录是其中最为核心的内容,因为它真实连续地记录了幼儿在某一时段某一领域的行为轨迹,进而在教师脑海中呈现出虚拟的影像资料。与此同时,在幼儿成长档案中同样会保留一些幼儿的作品或者是现场照片,它们进一步反映了观察记录中出现的场景。如此,教师在与家长分享幼儿在园表现时,才能够从细微之处的真实事例说起,引起家长的共鸣。

如图 8-2-1 所示,幼儿多多在数学区摆弄一件需要按照提示卡进行复原的玩具。通过审查照片,可以发现:多多在认真操作该玩具,他似乎正在找办法将最右边一格的圆形积木推出来。也许是为了方便及时查看,他用左手把任务提示卡放在眼前,用右手操作玩具,似乎是找出了一个方便快捷的方法,并且他的左右手可以同时进行不同的动作,由此可以推测他的精细动作、平衡能力应该发展良好。成长档案不应只有幼儿的照片或作品图片,而是应该结合观察记录,这样才能进一步捕捉到教师对幼儿现场语言和动作的分析。在根据图片进行猜测以后,可阅读下面保教人员的观察记录,以进一步了解多多数学能力的发展以及相应的学习品质。

保教人员观察记录:

今天上午,多多在区角游戏时选择了数学区,拿到了排列组合的积木玩具。他先是在一堆任务卡中拿走了最上边的一个,大约观察了 30 秒任务卡上的图案,然后把任务卡放了一边,开始双手操作这些不同颜色的积木。在摆弄的过程中,他总是先把每一个积木槽里(对应任务卡的位置)暂时用不到的积木挪到一边,再把其他地方需要的积木挪过来。他时而看积木,时而探头去看任务卡,大约还原了 2 分钟后,他开始用左手拿任务卡,右手玩玩具。在这之后只用了 1 分钟时间,便还原了所有颜色的积木,确认与任务卡上每种颜色积木的位置相对应。我对他中间换手操作的动作很感兴趣,于是在他完成第一项任务以后问他:"你为什么在玩到一半的时候变成了一只手拿任务卡,另一只手玩玩具呢?"多多是这样回答的:"我觉得把任务卡随便一放,要匹配积木时再去看很麻烦,所以就用左手拿卡片,这样就能一边看一边玩了。"

在阅读了教师的观察记录之后,可以发现多多具有良好的数学逻辑思维,知道在完成任务时不同步骤的先后顺序,并且他的精细动作发展良好,能够在遇到麻烦的事情时主动探究解决问题的方法。综合图片资料与教师的观察记录,可以更加深入了解幼儿在某一领域的发展水平与心理活动,这就是成长档案的优势所在。那么,幼儿成长档案应当以何种形式来呈现呢?对于成长档案这种既需要幼儿基本信息,又要求同时具备教师观察记录与幼儿相关图片的文件来讲,表格的形式是很适宜的呈现方式,观察记录、幼儿信息、图片资源共同组成了幼儿成长档案。在表 8-2-1 中,呈现了来自盖伊·格朗兰德所撰写的《幼儿园的游戏、观察和学习计划》的案例,为广大幼儿教师编制幼儿成长档案提供了良好的范例。

表 8-2-1　成长档案记录表①

姓名	德沃恩	日期	2009.4.9	观察者	菲尔
领域	语言和读写				
相关学习目标	听故事并能够大声地读出来；能够根据故事内容提问；能够做出相关评论				
本次观察情境涉及的儿童行为表现					
☑ 儿童发起的活动		☑ 独立完成		☑ 花费时间（1～5分钟）	
☐ 教师发起的活动		☐ 在成人的指导下完成		☐ 花费时间（5～15分钟）	
☑ 对儿童来说是新任务		☐ 在同伴的帮助下完成		☐ 花费时间（超过15分钟）	
☐ 对儿童来说是熟悉的任务					
轶事记录（描述儿童的言行，必要时附上照片或作品） 　德沃恩听完故事《薄烤饼》。他向卡罗尔完整地复述了整个故事，并针对如何让这个故事变得更有意义提出很多建议。他专心地看画面，尝试预测接下来会发生什么。					

通过这样一份档案记录，可以将幼儿在该领域的发展状况向家长进行一次清晰明了的展示，并共同商议下一步的教育行动措施。

（二）选择合适的成长档案记录方式

前文中已经介绍了多种观察记录的撰写方法，如连续记录法、表格符号记录法等。那么在制作幼儿成长档案时，应该如何收集所需要的信息以及选用何种记录方式呢？

保教人员为幼儿建立成长档案，确定收集信息最佳方式时可以思考的问题如下：幼儿的各项技能是否在其成长档案或发展检核表中得到了最佳呈现？成长档案中的具体内容（如观察记录的内容、照片、作品等）是否展示了幼儿的独特学习方式？成长档案中的具体内容是否展示了幼儿各项技能和能力的整体发展水平？

在撰写幼儿成长档案时，保教人员可以根据所呈现的核心内容来选定相应的记录方式。在撰写成长档案时，可以参考幼儿发展检核表中关于幼儿行为频次等的记录，但不宜直接将检核表呈现其中。如果在成长档案中只记录幼儿的某一项核心技能，或者记录幼儿在某件轶事中获得的成长，那么描述记录不失为一种适宜的方法。

案例链接

多多成长档案信息收集

区域活动时，多多选择了数学区"萝卜配对"的玩具，该玩具需要幼儿将表面有白色圆点的卡通萝卜与相应数字卡片配对。多多在拿到玩具后，先随意拿出一个萝卜，然后点一个圆点数一个数字，最终数到了6，又从数字卡片中选出了数字"6"，最终配对成功。然后多多面带微笑去找到旁边的同伴分享自己的成果，同伴也被他吸引。最终在两人的共同操作下，9个萝卜和数字卡片均配对成功。

---

① ［美］盖伊·格朗兰德，玛琳·詹姆斯 等. 聚焦式观察——儿童观察、评价与课程设计［M］. 梁慧娟，译. 北京：教育科学出版社，2017.

在上述案例中,就更适合采用描述记录法,将多多的操作过程详细记录下来,如表 8-2-2 所示。保教人员可以根据自己所带年龄段幼儿的特点,确定观察的内容与记录的方式,具体发展指标和成长档案内容的选择可参照《指南》。

表 8-2-2　幼儿多多成长档案记录表

姓名	多多	日期	2021.11.17	观察者	杨老师
领域	数学逻辑思维				
相关学习目标	能按语言指示或根据简单示意图正确取放物品				
本次观察情境涉及的幼儿行为表现					
☑ 幼儿发起的活动		☑ 独立完成		□ 花费时间(1~5 分钟)	
□ 教师发起的活动		□ 在成人的指导下完成		☑ 花费时间(5~15 分钟)	
☑ 对幼儿来说是新任务		□ 在同伴的帮助下完成		□ 花费时间(超过 15 分钟)	
□ 对幼儿来说是熟悉的任务					

轶事记录(描述幼儿的言行,必要时附上照片或作品)
　　在学习了相邻数以后,我们班便将活动区玩具柜与玩具托盘上的配对标志更换为了相邻数,如玩具柜第三排某位置上是"7□9",那么就应该在此处放置数字标志为"8"的玩具托盘。本次区域活动前,教师已经将新规则向幼儿作了介绍。多多在区域活动开始之后,玩第一个玩具大约持续了 6 分钟,在他准备换另一个玩具时,我注意到他先是看了看手里这个玩具托盘上的数字标志,然后若有所思地走向玩具柜,从上至下一排一排地观察柜子上带有相邻数空格的标志。约 40 秒后,他大声说了一句"找到了",便将玩具托盘放到了这个位置上,放好后他看到教师就在附近,于是请教师也来检查他放置得是否正确。在听到教师的肯定之后,多多露出了笑容。

此外,在编制幼儿成长档案的同时保教人员要充分利用好观察记录,注意避免走入误区。保教人员需要注意的主要误区包括:成长档案是"作品收集袋";成长档案是"幼儿的艺术照相册";由教师或家长任何一方单独承担;成长档案集中制作,费神费力费时间,还没起到应有的教育效果。

二、立足幼儿成长档案开展家园工作

书面总结报告是系统全面地呈现幼儿各个领域技能发展情况的总结性报告。虽然幼儿成长档案能够反映或说明幼儿在一定时期内正在发展的技能,展现幼儿的成长历程及意义,但有些领域或技能的发展状况不能够完全呈现在幼儿成长评价档案里,所以保教人员可以选择将这部分内容展示在给家长提供的书面总结报告中。书面总结报告有助于家长一目了然地认识到幼儿在各个领域的发展情况,从而为进一步有针对性地促进幼儿发展提供依据。书面总结报告可以选择在学期中、学期末完成,为幼儿成长作阶段性总结,并利用召开家长会的机会分发给家长。

想要完成一份完整科学的书面总结报告,重要的是梳理已有的幼儿观察记录,完成信息的收集,整体上浏览已记录的观察内容,并进行反思,确认幼儿进行了哪些方面的学习、已经获得了哪些方面的发展。可以按照领域进行梳理,并考虑将哪些内容呈现在书面总结报告中,被写进报告的内容应与幼儿成长档案中的内容相联系。

完成书面总结报告时还需要注意以下三点:第一,除了在总结报告中必须呈现幼儿各领域的发展水平外,教师可为该幼儿设计后续发展目标,其中包括基于幼儿发展所应提供的额外经验、技能以及接下来可能面临的挑战,以期为家长的后续教育提供指导;第二,在书写发展总结报告时,要注意文字表述的准确性和倾向性,尽管幼儿的发展是小步递进式的,但显然这是值得肯定的,同时也要体现幼儿发展的弱项;第三,教师可以邀请家长参与到后续教育策略的制订当中,了解家长的想法及要求,商讨对策,共同教育,形成一份"家长—教师总结报告",让家园合作真正落到实处,可参考表 8-2-3。

表 8-2-3　××幼儿园家长—教师总结报告

姓名：菲菲　　　　　　　　　　　　　　　　　　　　　　　　　　　　　　　　　日期：2021.12.10

数学和计算	
幼儿发展情况	能够点数物体并知道总数(用——对应的方法从 1 一直数到 10)；认识并命名不同的形状；掌握测量的方法
后续教育策略	提供不同的材料进行点数，引导其知道更多的数量；鼓励其对三维空间进行探究；为其提供更丰富的测量机会
艺术创作	
幼儿发展情况	会用几种线条、形状、色彩表现事物的基本特征；能简单评价自己和别人的作品
后续教育策略	鼓励其借助多种艺术媒介进行表达，确保其有足够的时间进行创作
社会性	
儿童发展情况	能够自然地与陌生人交往并适应新的环境；在集体游戏和学习活动中与人合作；在冲突发生时能够独立解决问题
后续教育策略	创设应对新的、复杂社会问题的交往情境，必要时协助其解决与其他幼儿的冲突，鼓励其通过有效的方式表达自己的情感
科学	
幼儿发展情况	对周围事物、人爱提问，求知欲强，能按物体两种以上的特征分类、推理、排序并表述分类结果
后续教育策略	为其提供更多的探究机会及相关资源
身体动作发展	
幼儿发展情况	能够熟练地单脚站立、跳跃和攀爬；能够用 3 个手指抓握书写和绘画工具；能够运用手部的小肌肉夹豆子、拼拼图和使用剪刀
后续教育策略	提供更多在艺术、书写和操作活动中练习小肌肉的机会，如穿珠子等
语言和读写	
幼儿发展情况	能够理解作品主题，用语言、表情、动作、美术等形式表现作品内容；会创造性地进行表述，能够大胆改编；喜欢图书，对常用的书面语言有初步的理解
后续教育策略	提供各种书写工具，鼓励其创编自己的故事，尽可能运用绘画等方式把故事写下来；提供集体、小组和个别化阅读的机会

模 块 小 结

　　本模块主要阐述了如何将保教人员平日里所做的观察记录作为开展家园工作的重要内容，进而了解"幼儿成长档案"这一呈现方式。

　　有效利用观察记录开展家园工作是教师专业性水平的体现。保教人员在平时观察记录的基础上，以成长档案的方式与家长共享，可使幼儿的发展"看得见"。通过与家长面对面的沟通、家长会等手段，有助于形成家园合力。保教人员在使用幼儿成长档案开展家园工作时，要注意选取适宜的记录方式，完整收集信息，如实根据幼儿的发展水平形成完备的书面总结报告，并能立足于观察记录开展家长会、家访等形式的家园合作。

思考与练习

一、选择题

1. (**单选题**)下列哪一项不属于利用观察记录开展家园工作的意义?(　　)
    A. 有利于形成家园合力
    B. 有利于幼儿园一日生活流程的改进
    C. 有利于改善家庭教育方式
    D. 有利于班级工作的开展

2. (**多选题**)召开家长会前的准备工作有(　　)。
    A. 向家长发送通知　　　　　　　　B. 布置教室
    C. 整理幼儿观察记录　　　　　　　D. 与不能参会家长单独沟通

3. (**多选题**)家长会后教师可开展的后续工作有哪些?(　　)
    A. 与家长单独交流
    B. 邀请家长填写调查问卷
    C. 进行会议总结
    D. 形成反思报告

二、判断题

1. 幼儿发展总结报告的呈现必须依据五大领域进行划分。　　　　　　　　(　　)
2. 家长会的作用在于使家长了解幼儿发展情况,促进家园沟通。　　　　　(　　)
3. 家长会召开前教师应回顾整理本班幼儿的观察记录和书面总结报告。　　(　　)
4. 幼儿成长档案就是观察记录。　　　　　　　　　　　　　　　　　　　(　　)
5. 教师与家长分享幼儿成长档案有利于家长了解幼儿的发展水平。　　　　(　　)
6. 家访一般分为常规式家访和焦点问题式家访。　　　　　　　　　　　　(　　)

三、实训题

　　通过学校组织的幼儿园见习活动,确定一名幼儿为观察对象并进行观察记录,将记录内容汇集成幼儿评价档案(幼儿成长手册或幼儿发展总结报告),并尝试向家长介绍评价档案的内容。

聚焦考证

一、单选题

1. 教师和家长沟通的根本目的是(　　)。[①]
    A. 让家长了解幼儿在园的表现　　　　B. 了解幼儿在家表现
    C. 家园合作形成教育合力　　　　　　D. 是园长给的任务

---

　　① 2021年下半年幼儿园教师资格考试《保教知识与能力》试题。

2. 幼儿园教师了解幼儿最主要的目的是(　　)。①

    A. 为幼儿的成长提供依据　　　　　　B. 为教师的专业成长提供依据

    C. 为了更好地促进幼儿的发展　　　　D. 为检查评比提供依据

3. (　　)是家园联系中最快捷也是最灵活的一种方式。②

    A. 咨询活动　　　　　　　　　　　　B. 家长委员会

    C. 家长学校　　　　　　　　　　　　D. 电话联系

4. 现代教育理论认为,托儿所、幼儿园、家庭是(　　)。③

    A. 合同关系　　　　　　　　　　　　B. 伙伴关系

    C. 指导与被指导关系　　　　　　　　D. 教育者与受教育者关系

5. 在教师与家长的关系上,下列哪一种观念是正确的。(　　)④

    A. 以教师为主,家长为辅　　　　　　B. 家长与教师是平等的教育主体

    C. 以教育能力较强的一方为主　　　　D. 在园以教师为主,在家以家长为主

二、简答题

    简述社区在幼儿园教育中的作用。⑤

三、论述题

    试述幼儿园班级管理工作的主要内容。⑥

四、材料分析题

    在某幼儿园大班的家长座谈会上,家长们纷纷提出:孩子快上小学了,幼儿园应减少游戏时间,增加算术、识字等教学内容,以便于孩子适应小学的学习生活。⑦

    (1) 请根据上述说法,分析家长观念中存在的问题。

    (2) 请针对问题,提出解决方法。

---

① 2013 年下半年幼儿园教师资格考试《保教知识与能力》试题。

② 2013 年下半年幼儿园教师资格考试《保教知识与能力》试题。

③ 2012 年安徽省合肥市(幼教)教师招聘考试试题。

④ 2012 年上半年幼儿园教师资格考试《保教知识与能力》试题。

⑤ 2020 年下半年幼儿园教师资格考试《保教知识与能力》试题。

⑥ 2020 年下半年幼儿园教师资格考试《保教知识与能力》试题。

⑦ 2021 年上半年幼儿园教师资格考试《保教知识与能力》试题。

图书在版编目(CIP)数据

幼儿行为观察与引导/林兰主编. —上海：复旦大学出版社，2022.8(2024.7重印)
ISBN 978-7-309-16191-5

Ⅰ.①幼…　Ⅱ.①林…　Ⅲ.①幼儿-行为分析-幼儿师范学校-教材　Ⅳ.①B844.12

中国版本图书馆 CIP 数据核字(2022)第 093646 号

幼儿行为观察与引导
林　兰　主编
责任编辑/赵连光

复旦大学出版社有限公司出版发行
上海市国权路 579 号　邮编：200433
网址：fupnet@ fudanpress. com　http://www.fudanpress.com
门市零售：86-21-65102580　团体订购：86-21-65104505
出版部电话：86-21-65642845
杭州日报报业集团盛元印务有限公司

开本 890 毫米×1240 毫米　1/16　印张 10.25　字数 289 千字
2024 年 7 月第 1 版第 2 次印刷

ISBN 978-7-309-16191-5/B · 753
定价：40.00 元